青贮玉米生育期

图 1　播种期

图 2　苗期

图 3　大喇叭口期

图 4　抽雄期

图 5　灌浆期

图 6　收获期

青贮玉米品种展示

图 7　利禾 1 号

图 8　金园 15

图 9 种星青饲 1 号

图 10 种星 619

图 11　金艾 130

图 12　先玉 1580

青贮玉米氮调控试验

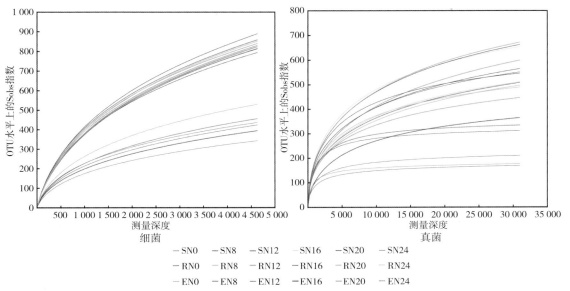

图 13　不同施氮处理下青贮玉米田根系不同空间结构细菌及真菌多样性稀释曲线

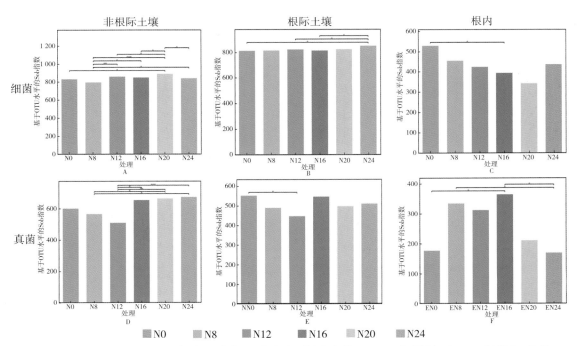

图 14　不同施氮处理下青贮玉米根系空间细菌及真菌 Alpha 多样性（Sobs 指数）变化

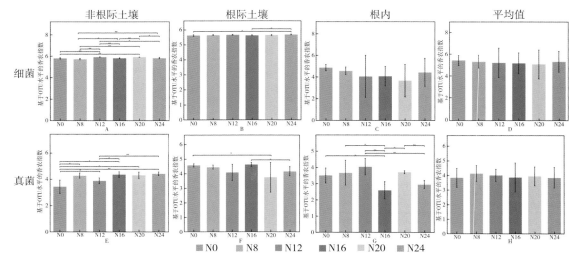

图 15 不同施氮处理下青贮玉米田根系空间细菌及真菌 alpha 多样性（Shannon）变化

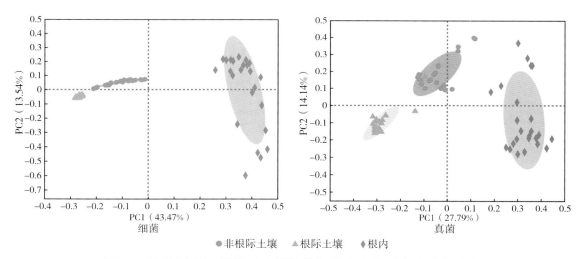

图 16 青贮玉米不同根系空间结构细菌和真菌群落主坐标分析

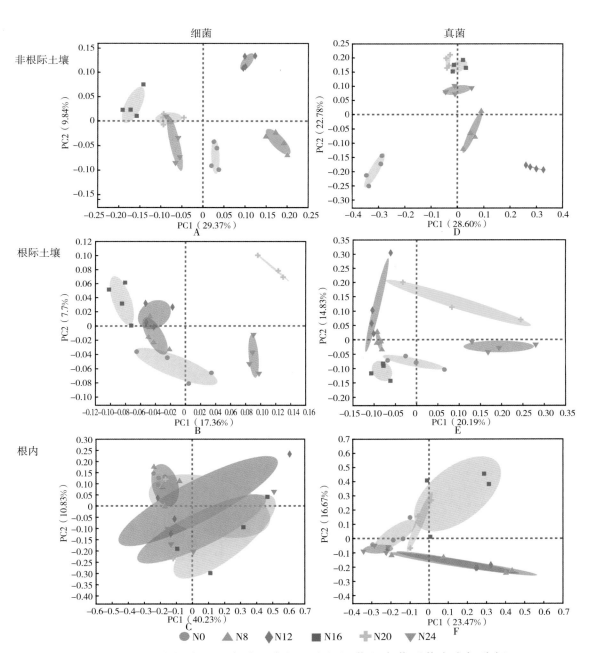

图 17　不同施氮水平下青贮玉米根系空间细菌和真菌群落主坐标分析

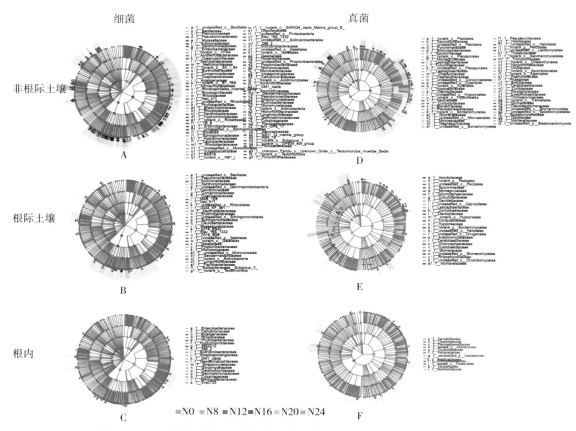

图 18　不同施氮水平下青贮玉米田根系空间微生物 LEFSE 分析

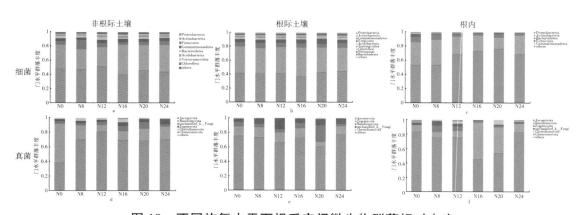

图 19　不同施氮水平下根系空间微生物群落相对丰度

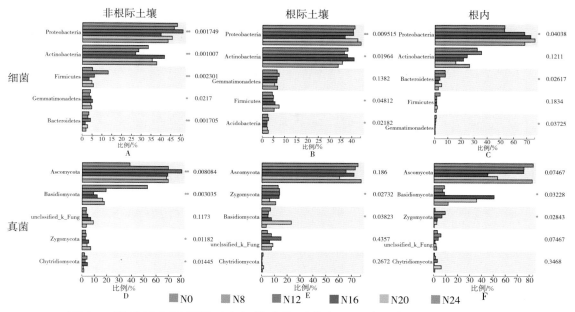

图 20　青贮玉米不同根系空间微生物群落在不同施氮水平间差异性分析

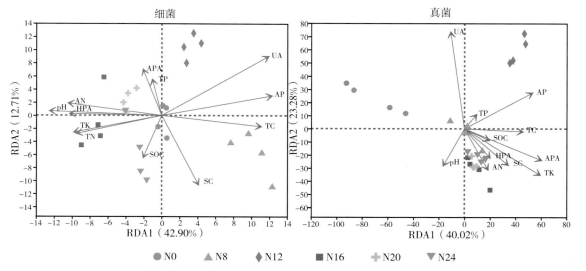

图 21　不同施氮水平下青贮玉米田微生物群落与土壤环境因子间关联分析

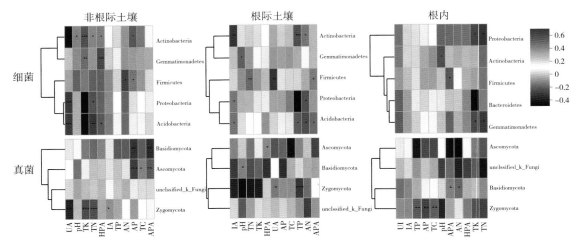

图22 青贮玉米田土壤环境因子与微生物群落相对丰度间的相关性热图分析

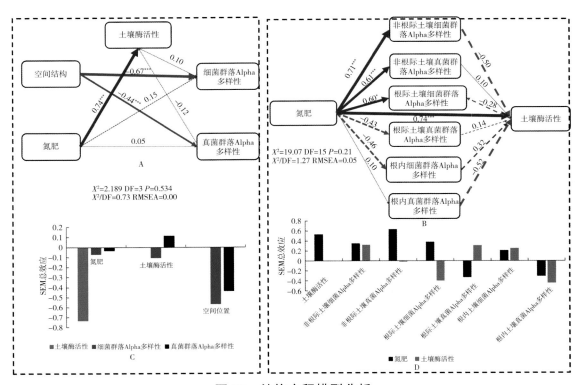

图23 结构方程模型分析

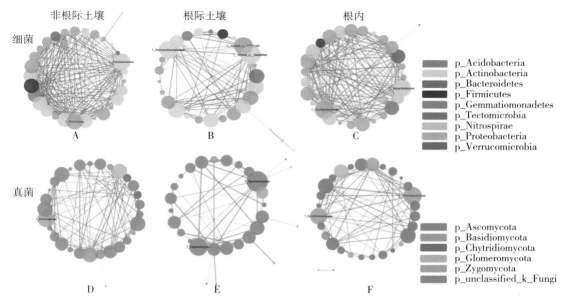

图 24　根系不同空间结构青贮玉米细菌及真菌共线性网络分析

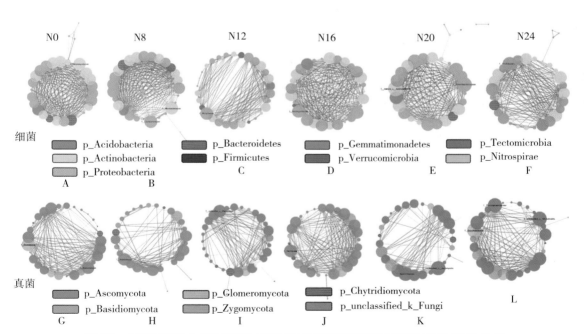

图 25　不同施氮水平下青贮玉米根系空间细菌及真菌共线性网络分析

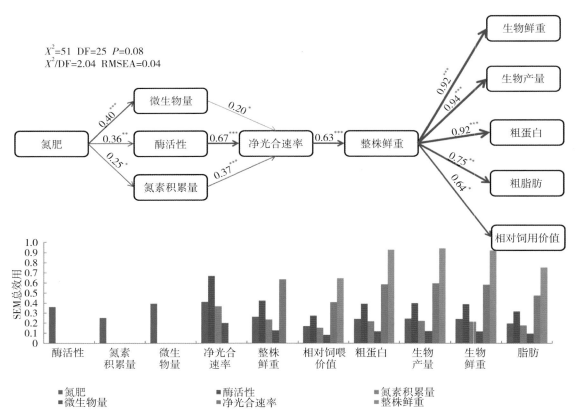

图 26　结构方程模型分析

氮调控与青贮玉米

——北方农牧交错区青贮玉米氮响应机制研究

白岚方 路战远 王玉芬 著

中国农业出版社

农村读物出版社

北 京

图书在版编目（CIP）数据

氮调控与青贮玉米：北方农牧交错区青贮玉米氮响应机制研究 / 白岚方等著 . —北京：中国农业出版社，2022.12

ISBN 978-7-109-29952-8

Ⅰ.①氮… Ⅱ.①白… Ⅲ.①青贮玉米－氮肥－方法研究－北方地区 Ⅳ.①S513.062

中国版本图书馆 CIP 数据核字（2022）第 163214 号

中国农业出版社出版

地址：北京市朝阳区麦子店街 18 号楼
邮编：100125
责任编辑：孙鸣凤　　文字编辑：徐志平
版式设计：杨　婧　　责任校对：刘丽香
印刷：三河市国英印务有限公司
版次：2022 年 12 月第 1 版
印次：2022 年 12 月河北第 1 次印刷
发行：新华书店北京发行所
开本：700mm×1000mm　1/16
印张：12　　插页：6
字数：240 千字
定价：98.00 元

本书著者

白岚方　路战远　王玉芬　张向前

孙峰成　赵小庆　张立峰　程玉臣

张德健　陈立宇　方　静　刘亚楠

王建国　李　娟

前言

　　青贮玉米是北方农牧交错区主要的青贮饲料之一，青贮玉米营养丰富，能更有效地保存蛋白质和维生素，具有气味酸香、适口性好等特点。农牧交错区是我国农畜产品生产重要基地，也是玉米的主要种植区。近年来，畜牧产业进入了快速发展期，饲草饲料需求量不断增加，单靠粮饲共享已不能满足畜牧业发展的要求。氮素是影响青贮玉米生长发育以及产量的重要因素，合理施用氮肥，可有效增加青贮玉米产量，改善饲用品质，增加农牧民收入，促进畜牧产业发展。农牧交错区青贮玉米种植存在氮肥施用方式不合理、技术不规范、施入量过大和氮肥利用率较低等突出问题，不断增加的生物产量也主要依靠的是化肥的过量投入，这不仅导致土壤板结、土壤酸化以及微生物多样性降低，而且使得青贮玉米种植生产成本高、产品质量差、效益比较低，农民的收入得不到保障，严重挫伤了农民种植青贮玉米的积极性。因此，合理施用氮肥，增加青贮玉米产量，不仅是发展畜牧产业的要求，也是增加农民收入，改善和保护农田生态环境的重大需求。

　　本书研究以内蒙古为例，针对农牧交错区青贮玉米产量低、饲用品质差、氮肥利用效率低等突出问题，辨析了不同施氮水平对青贮玉米田土壤微生物学特性、青贮玉米产量、饲用品质的影响，揭示了青贮玉米氮素利用调控机制，明确滴灌条件下青贮玉米最佳施氮量和较经济的氮素利用效率，为农牧交错区青贮玉米优质高效生产提供理论依据。

　　本书为著作者在"十三五"时期国家重点研发计划"玉米密植高产宜机收品种筛选及其配套栽培技术"项目"东华北中早熟区优质高产青贮玉米品种筛选与机械化高效生产技术"任务支持下的研究成果。内容系统全面，数据翔实可靠，具有较强的科学性、创新性和指导性。本书可供从事作物栽培等相关领域的教学、科研、生产等科技工作者阅读参考。全书研究内容主要包括以下几个部分：第一部分是绪论，在系统总结和借鉴了前人研究成果的同时提出本研究的目的及意义；第二部分是试验设计与方法；第三部分是结果与分析，包括6章，分别为施氮水平对青贮玉米田土壤酶活性及微生物量的影响、不同施氮水平对青贮玉米根系空间微生物的影响、施氮水平对青贮玉米生长发育及产量的影响、施氮水平对青贮玉米光合特性的影响、施氮水平对青贮玉米营养品质的影响、施氮水平对青贮玉米植株氮素分配的影响；第四部分是结论与展望。尽管作者对文中的各章内容进行了认真撰写，主编进行了统稿、校对，但由于项目实施难度大、实施期相对较短、研究资料有限，书中错误和不足之处在所难免，恳请读者批评指正。

白岚方

2021年9月

目 录

■ 第一章　绪　　论

1.1　研究目的与意义

青贮玉米（*Zea mays* L.）是主要的青贮饲料之一，青贮玉米营养丰富，糖分、胡萝卜素、维生素含量都很高，且能更有效地保存蛋白质和维生素，具有气味酸香、适口性好等特点。它全株都可用作饲料，与其他青贮饲料相比，具有产量高、营养丰富、品质好、饲用价值高等优势，可有效地提高饲喂牲畜的肉品质和奶产量。

农牧交错区是我国农畜产品生产重要基地，也是玉米的主要种植区。近年来，畜牧产业进入了快速发展期，饲草饲料需求量不断增加，单靠粮饲共享已不能满足畜牧业发展的要求。实践表明，青贮饲料的开发和利用，是解决饲料短缺、饲养成本高、肉奶产量低等问题的重要途径，已成为该区域畜牧产业发展中一个不可或缺的重要环节。在生产上，青贮饲料存在开发利用不够、供应种类单一、供应量严重不足等突出问题，就青贮玉米而言，也存在品种间差异大、产量低、品质差等问题，这一系列问题已成为制约农牧交错区畜牧高质量发展的瓶颈。因此，加快青贮玉米饲料产业的发展，是农牧交错区畜牧业乃至农牧业高质量发展重要而紧迫的任务。

氮素是生物必需的营养元素，是大多数陆地生态系统中影响植物生长发育的限制性元素，施入氮肥对农作物增加产量有着积极的作用[1]。研究表明，氮肥对玉米单产的贡献率为 45％左右[2]。适宜的施氮水平和施氮时期有利于提高作物产量，亦可减少土壤氮流失、气态氮挥发，提高氮肥利用率。我国是世界上唯一一个施氮量超过 $200kg/hm^2$ 的国家，过量施氮的现象普遍存在。农牧交错区青贮玉米种植存在氮肥施用方式不合理、技术不规范、施入量过大和氮肥利用率较低等突出问题，不断增加的生物产量也主要依靠的是化肥的过量投入，这不仅导致土壤板结、土壤酸化以及微生物多样性降低，而且使得青贮玉米种植生产成本高、产品质量差、效益比较低，农民的收入得不到保障，严重挫伤了农民种植青贮玉米的积极性。因此，合理施用氮肥，增加青贮玉米产量，不仅是发展畜牧产业的要求，也是增加农民收入，改善和保护农田生态环境的重大需求。

土壤是人类生活及作物生长的基础[3]。优质的土壤不仅使作物高产，也是维持土壤生态系统多样性稳定的基本前提。在土壤-作物生产系统中，土壤微生物群落可能是影响土壤微环境对植物养分供应、调节生长的最大因素之一[4]。Rakshit 等[5]发现，30%～50%的作物增产是由于施用了肥料，施肥效应使得产量的增加摆脱了微生物资源的限制，从而影响了微生物的组成，但长时间施用肥料已被证实是不可持续的[6]。过量施入氮肥会导致有益微生物群落丰度的降低，有害微生物群落丰度的增多。相关研究发现，微生物多样性对植物营养生长、抗逆性表达以及保护植物免受病原体侵害等有着积极作用。因此，开展不同施氮水平下作物根系空间微生物群落组成变化特征与机制的研究具有重要意义。

目前，国内外有关氮肥运筹对青贮玉米农艺性状影响的报道，主要集中在干物质积累及产量与效益等方面，但有关施氮水平对青贮玉米根系微生物及氮素转移利用影响的研究鲜有报道。本研究针对农牧交错区青贮玉米产量低、适口性差、氮肥施用量过大、肥料利用率低以及不同施氮水平下根系空间微生物群落组成不明确等问题，以内蒙古为例，用当地广泛种植的青贮玉米品种为供试品种，辨析不同氮素水平下青贮玉米产量形成、品质变化、土壤生物学特性与氮素转移利用规律等方面的差异性，提出和明确在滴灌补水条件下青贮玉米最佳施氮水平量和经济的施氮水平，为农牧交错区青贮玉米高产、优质、高效种植提供理论依据及实践基础。

1.2　国内外研究进展

1.2.1　青贮玉米品种选育研究

青贮玉米是按收获物和用途来进行划分的玉米三大类型（籽粒玉米、青贮玉米、鲜食玉米）之一；是指在适宜收获期内收获包括果穗在内的地上全部绿色植株，经切碎、加工，并适宜用青贮发酵的方法来制作青贮饲料以饲喂牛、羊等为主的草食牲畜的一种玉米。国内一般把青贮玉米分为两种：一是将包括果穗在内整个植株全部调制成饲料的专门用于饲养家禽、家畜的玉米品种；二是先在成熟期将玉米果穗收获，然后将收获的玉米茎叶调制成饲料的玉米品种。选择专用的玉米品种可获得较高的产量。也有一些种植单位把普通的籽实用玉米提前收割用于青贮，但往往产量较低。一般在中等地力条件下，专用青贮玉米品种亩产鲜秸秆可达 4.5～6.3t，而普通籽实用玉米却只有 2.5～3.5t。种植 2～3 亩①地青贮玉米即可解决一头高产奶牛全年的青粗饲料供应。玉米青贮料营养丰富、气味芳香、消化率较高，鲜样中含粗蛋白质可达 3%以上，

---

① 亩为非法定计量单位，1 亩≈667m²。

同时还含有丰富的糖类。用玉米青贮料饲喂奶牛，每头奶牛一年可增产鲜奶500kg以上，而且还可节省1/5的精饲料。青贮玉米制作所占空间小，而且可长期保存，一年四季可均衡供应，是解决牛、羊、鹿等所需青粗饲料的最有效途径。

我国青贮玉米发展与国外相比较为滞后，对品种的培育重视也很不够。1985年北京市审定了"京多1号"青贮玉米新品种。20世纪90年代开始，青贮玉米研究开始步入发展期，在发展初期，由于没有可供选择的高产、优质的青贮玉米品种，加之针对性的栽培技术缺乏，种植密度过高，甚至达到了15万株/hm²以上，部分地区甚至采用了直接撒播、不间苗等种植方式，造成玉米产量、品质均无法得到保障。根据我国青贮玉米品种培育和配套栽培技术严重滞后的情况，2002年国家有关部门正式启动了主要是针对品种的改良及杂交种的利用的青贮玉米品种区域试验。随后，单秆或分蘖少的品种，持绿性强、抗性好的青贮玉米品种陆续通过审定并且在生产上示范推广。

近年来，我国主要粮食作物中，玉米在种植面积和产量上均增长较快，成为我国粮食增产的主力军。2004—2012年，我国玉米种植面积和产量的增幅分别为45.2%和79.7%，对粮食增产的贡献高达58.1%[7]。2015—2019年我国玉米播种面积总体呈逐年增长态势，2019年我国玉米播种面积为4 496.8万hm²，同比增长1.8%。总体上看，玉米种植面积的扩大和籽粒产量的增加，为畜牧业饲料的发展提供了大量原料，有效解决了饲料供应紧缺的问题。但在青贮玉米发展上，无论从种植面积还是在育种水平上远远落后籽粒玉米发展水平和产业发展需求，配套的栽培技术更是缺乏，近年来，农民种植青贮玉米时施入氮肥方式不规范、施入量过大，氮肥利用率却较低，仍然以不断提高化肥投入量来实现增产，据《中国农业年鉴》，2000—2005年我国农民玉米施氮量为125~266kg/hm²，2007—2015年，氮肥施用量为220kg/hm²，2015—2017年氮肥施用量达到了274kg/hm²，过量氮肥施入不仅导致土壤板结、酸化，而且使得玉米种植因投入过高而使经济效益偏低，农民收入难以保障，严重削弱了农民种植青贮玉米的积极性。因此，加快青贮玉米新品种的选育和高效种植技术的研究，尽快破解这些生产技术难题，对促进畜牧业发展和增加农牧民收入具有重要意义。

欧美等畜牧业发达的国家对青贮玉米的研究发展较早，且非常重视青贮玉米的加工和利用，广泛使用青贮饲料。欧洲发达国家在20世纪90年代已实现青贮玉米规模化种植，1999年，法国的青贮玉米种植面积达到174万hm²，产量达到1 516t，单产水平达8 672kg/hm²。目前欧盟每年种植400万hm²以上的青贮玉米，其中法国和德国种植的青贮玉米面积最大，超过欧盟种植面积的一半。英国、丹麦等国家种植的几乎都是青贮玉米；加拿大每年收获1 500

多万 hm² 青贮玉米；作为第一大玉米生产国的美国，每年青贮玉米的面积占玉米种植总面积的 8％～10％，约 300 万 hm²[7]。21 世纪初，欧美等国家经过多年品种的筛选及种植模式的优化，主栽的青贮玉米品种多是粮饲兼用型品种，其耐密植，同时具有较高生物产量和籽粒产量的潜力，既可以在乳熟末期作为青贮玉米收获，也可到完熟后收获籽粒，从而保障了农民的收益。目前各国对青贮玉米的研究主要集中在分子方面的品种选择、机械化以及玉米青贮发酵过程微生物的作用及品质提高的探索。

1.2.2　农牧交错区青贮玉米生产情况

农牧交错区是我国北方重要的生态屏障。我国农牧交错区总面积达 81.35 万 km²，涉及黑龙江、吉林、辽宁、内蒙古、河北、山西、陕西、宁夏、甘肃、青海、四川、云南、西藏等 13 个省份的 234 个县（市、旗）。青贮玉米在农牧交错区种植密度一般为 4 000～5 000 株/亩，青贮玉米播种的机械化比例一般在 90％以上，而收获的机械化水平不一，个别地区农户完全人工收割，整体机收水平一般为 30％～90％。内蒙古农牧交错区总面积 61.62 万 hm²，是我国北方农牧交错区的主体，涵盖 62 个旗县区，占内蒙古总面积的 52.1％。表 1-1 是对农牧交错区中的包头、呼和浩特、赤峰、通辽、哈尔滨、长春和呼伦贝尔等地区进行玉米生产情况的实地调研。通过实地调研并结合大量资料的搜集整理，对青贮玉米种植情况进行了如下总结。

1.2.2.1　畜牧业发展与青贮玉米密切相关

我国是农业大国，进入 21 世纪以来，随着人们生活水平的提高，对肉、蛋、奶的需求量进一步加大，产业结构也随之调整，且畜牧业在农业中所占的比例也越来越大。黑龙江省是东北地区农业大省，也是畜牧业大省。2009 年黑龙江畜牧业产值达到 870 亿元，比 2008 年增长 9.2％。截至 2009 年末，全省奶牛存栏 248 万头，牛奶产量 650 万 t。到 2012 年奶牛存栏数提高到 320 万头。按每头奶牛需 1.5 亩青贮玉米计算，需青贮玉米面积 480 万亩以上，加上肉牛、羊等饲用，青贮玉米发展潜力很大。另有数据统计显示，2014 年辽宁省牛饲养量达到 442.6 万头（其中奶牛存栏数达到 31.6 万头），羊饲养量达到 1 141.5 万只，猪饲养量达到 2 418.4 万头，家禽饲养量达到 58 998.8 万只，青贮饲料需求量近 2 000 万 t。还有报道，河北省行唐县总耕地面积 53.775 万亩，其中玉米种植面积 29.32 万亩，青贮玉米种植面积约为 10 万亩。然而，全县存栏奶牛 9.05 万头，肉牛 2.1 万头，肉羊约 6.17 万只，供求关系不平衡。也有数据统计，2010 年山西省肉类总产 13 亿 kg，禽蛋总产 7.5 亿 kg，奶类总产 19 亿 kg，全省年需生产配合饲料 500 万 t，将需要消耗玉米 300 万 t，以玉米为饲料主要原料的需求量将急剧增加，如此大的饲料产量需要有充足的

表 1-1 农牧交错区部分地区玉米生产情况

调查地区	种植品种	种植密度/(株/亩)	玉米种植/万亩	玉米所占耕地比例/%	青贮玉米占玉米面积比例/%	亩产量/(kg/亩)	机械化比例/%
包头	利禾1、大丰30、大民3307、五谷568、金创1号等	4 500~5 000	139	28.96	22.3	850~886	80~90
呼和浩特	先玉335、先玉696、利禾1号、西蒙6号、金创1号、登海605、种星618等	4 000	266.8	38.36	28.8	720~850	67.4
赤峰	京科968、先玉33、郑单958、凌单29、NK718、吉农大401、赤单218、玉龙9、利禾1等	5 000	647	36.55	—	710~880	65
通辽	京科968、京科665、郑单958等	4 500	1 603.3	74.16	16.7	500~800	65~74.2
哈尔滨	良玉99、良玉66、天农9、农华101、郑单958、龙单13、龙单8、海育9号、海育8号等	4 000~5 000	1 664	2.13	2	800~1 200	54.7
长春	天农9号、宁玉309、先玉335、大民3307、鑫鑫2号、丹玉405、沈玉21、丹玉39、吉单185、吉单29、吉单4011、吉饲8、吉饲9等	4 000~5 000	1 350	75.8	2	820~1 216	63.4
呼伦贝尔	禾田1、禾田4、九玉1034、九玉7、井单16、丰单3号、兴垦10号、罕玉5、先锋38P05、九玉1034等熟期早及粮饲兼用品种	4 000	850.8	41.6	7.7	300~450	15
大同	长城799、晋单38、晋单39、晋单40、晋单伟科606等	3 800~4 000	238	22	—	396~500	45

原料供应才能实现。山西省没有可供放牧的草原，大量的肉、蛋、奶必须依靠农区养殖业提供，这就对山西省青贮玉米的种植提出了更高的要求。值得一提的是，内蒙古呼和浩特市是我国乳都，拥有伊利、蒙牛、蒙羊等全国农牧业行业里的龙头企业，其畜牧业发展带动农业产业发展力度大，特别是青贮玉米产业发展稳定。此外，内蒙古呼伦贝尔市是全国草食畜牧业大市，全市羊存栏量已超过1亿只，牛存栏量连续3年在1 000万头以上，农区和半农半牧区草食家畜存栏量占全区牲畜总量的50%以上，每年需要青贮玉米4 000万t左右，对玉米粮改饲或籽粒改青贮具有极大的拉动能力。

通过上述数据统计，我国农牧交错区畜牧业的发展与青贮玉米生产密切相关。随着人们生活水平的提高，畜牧业快速发展，同时对优质青贮玉米饲料需求旺盛、缺口量大，而且对青贮玉米营养物质含量的研究越来越受到重视。

1.2.2.2 农牧交错区青贮玉米分布广、品种多而杂

黑龙江省玉米生产主要分布在哈尔滨、阿城、肇东等地。种植的主要品种有龙单13、龙单8、海育9号、海育8号、良玉99、良玉66、天农9、农华101、郑单958等。据黑龙江省草原饲料中心实验站的统计，全省青贮玉米年种植面积300万亩左右。杜蒙、肇东、富裕、安达、双城等市、县为主要种植地区，每市、县年种植10.5万～19.5万亩。吉林省玉米种植区主要集中分布于东部半山区和松辽平原西部的部分地区。长春市地处中国东北松辽平原腹地，地势平坦开阔。长春地区现有耕地总资源1 945.5万亩，其中，玉米播种面积101.9万亩，吉林省种植的品种有吉林省农业科学院玉米研究所选育的吉单185、吉单29、吉单4011、吉饲8、吉饲9等，这些品种的饲用品质好、抗性强、适应性广，秸秆含糖量达10%以上。辽宁省青贮玉米种植地主要包括本溪、新宾、清原、抚顺等，适宜的青贮玉米品种有郑单958和高油青贮4515等。河北省种植的优质型青贮玉米主要是中农大青贮67（高油116）；高产型青贮玉米品种：科多8号、瑞德2号、新青1号；粮饲兼用型玉米品种：中单815号、方玉1号、承3359号。玉米也是山西省第一大作物，玉米种植面积、总产量和单产均居省内作物种植面积的第一位。推广品种主要有农大108、农大3138、沈单16号、晋单42号，其推广面积占到良种推广面积的35.0%。内蒙古自治区青贮玉米种植面积较大的盟市有包头、呼和浩特、赤峰、通辽、呼伦贝尔及兴安盟等。近年来，内蒙古自治区青贮玉米种植得到持续快速发展，种植面积不断扩大，青贮量不断提高，青贮玉米加工利用水平明显增强。2009—2014年，内蒙古自治区年均种植青贮玉米面积约1 300万亩，年均青贮量约2 600万t。全区青贮玉米种植面积约占一年生牧草种植面积的60%。牧区青贮玉米种植面积约占全区的1/3，农区、半农半牧区种植面积约占全区的2/3。玉米在兴安盟种植

面积达到 45 万亩,占粮食作物种植面积的 52%;总产量 185 万 t,占粮食作物总产量的 67%。由于受大兴安岭地形影响,兴安盟各地区间热量资源差异大(南北最大差值达 2 000℃),导致可种植的玉米品种多而杂。受种植业结构调整、优惠政策支持和项目的拉动,呼伦贝尔市玉米种植区域和面积连年扩大,资金与技术投入不断增加,产量明显提高。2008 年、2012 年、2013 年和 2014 年播种面积分别突破 500 万亩、600 万亩、700 万亩和 800万亩。到 2015 年,呼伦贝尔市玉米播种面积(850.8 万亩)和产量(370.3万 t)分别占到全市粮食作物面积和产量的 41.6% 和 59.6%,分别占全区玉米播种面积和产量的 16.6% 和 16.5%。

1.2.2.3 农牧交错区青贮玉米种植水肥及病虫害调查情况

农牧交错区青贮玉米的种植方式主要以地膜种植、垄作清种为主。北方农牧交错带是连接中国东部半湿润农耕区与西部半干旱草原牧区的过渡带,属于一个相对独立的复合生态系统类型。该区域近年虽然没有遇到全局性极恶劣气候条件,但区域性的高温、干旱、阴雨寡照,多地出现玉米结实性差,品种间表现有差异;春播玉米区的局部玉米青枯病重发;多地出现重倒伏、局部病害重发、玉米螟重发、穗腐病偏重。部分地区出现罕见的持续高温天气,秋季降水偏多,导致各种作物病虫害发生较重,生育期变短,减产幅度较大。秋季雨水偏多也影响秋收进程和商品粮品质,玉米发生穗腐病。

呼和浩特地区以平作铺地膜种植为主,灌溉方式主要以黄灌区与井灌区为主,近年来该地区滴灌种植方式在逐年增加。黄灌区主要在土左旗西南部,托县大部分地区。常年病害以青枯病和玉米红蜘蛛为主。包头市玉米种植方式为覆膜机播;水肥利用率低,基本上都为大水漫灌,基肥施 1 袋碳氨或不施,种肥施 10~20kg 磷酸二铵,拔节期追施 5~15kg 尿素;该市玉米主要病害为丝黑穗、瘤黑粉、茎腐病,虫害为地老虎、蛴螬、花金龟、蝼蛄、蚜虫、截形叶螨、玉米螟等;零星有近郊地区地下害虫较重田块防治基本用辛硫磷灌根或辛硫磷颗粒随肥撒施,其他病虫害不防治。赤峰地区以垄作清种的种植为主,灌溉方式主要以膜下滴灌和大水漫灌为主。施肥主要是使用一次性底肥施入。通辽市种植方式主要以机械穴播和机械单粒精播为主;灌溉方式主要以膜下滴灌、微喷、低压管灌为主,部分山地为雨养;病害主要有大斑病、灰斑病、丝黑穗病,其中大斑病偏重发生,农民防治意识不强,地下害虫多采用播种时拌毒谷防治,玉米螟采用白僵菌封垛、田间释放赤眼蜂、大喇叭口期灌心叶等防治方法。黑龙江地区黑龙江省玉米底肥深度普遍不足,大多仅在 10cm 左右,对肥料利用率影响较大。农民盲目施肥现象仍然普遍存在,普遍重视氮肥和磷肥的施用,不重视钾肥。氮、磷、钾比例不合理,造成土壤养分失衡,地力下降,肥料利用率不高,投入增加,效益降低,影响玉米产量和品质的提高。与此同时，微量元素缺乏症状越来越明显。长春地区由于春天易发生低温，磷肥基本作种肥，也可以部分作种肥，部分作底肥。采用的种植模式有宽窄行、均匀垄、膜下滴灌、喷灌带喷灌、苗前深松、苗后深松。长春地区玉米病害主要有大斑病、灰斑病。

1.2.2.4 农牧交错区青贮玉米种植机械化水平不一

内蒙古包头市各旗县总耕地面积480万亩，玉米（包括青贮玉米）播种面积为139万亩，占总耕地面积的28.96%。其中青贮玉米面积31万亩，占玉米面积的22.3%。包头市玉米播种全程机械化，机械化收获率达到80%～90%。赤峰市位于内蒙古自治区东部，赤峰市全市耕地总面积1 770.0万亩，常年作物播种面积1 455.0万亩，玉米播种面积647.0万亩，占总耕地面积的36.6%，其他作物常年播种面积315.0万亩。赤峰市全程机械化比例为30%，机械化收获比例为65%。通辽市2016年总耕地面积2 161.9万亩，其中玉米（包括青贮玉米）播种面积1 603.3万亩，占总耕地面积的74.2%。通辽市玉米实现播种全程机械化，机械收获率达到65%～74.2%。哈尔滨属中温带大陆性季风气候，是我国农业和农村比重最大的省会城市。全市耕地总面积78 147.6万亩，其中玉米（包括青贮玉米）播种面积1 664.0万亩，占总耕地面积的2%。全市玉米全程机械化，机械化收获比例达到54.7%。黑龙江省杜蒙县年种植青贮玉米18万亩，青贮总量可达60万t，全县可利用青贮机械达4 000多台，青贮收贮基本实现了机械化。安达市年种植青贮玉米18万亩左右，总贮量80万t。全市现有青微贮窖池1.9万座，其中永久性窖池6 100座，牧业机械1 120台套，90%以上家庭牧场、养牛户都用上了青贮制作技术。

农牧交错区不同玉米品种间机收总损失率差异很大，机收总损失率为1.5%～13%，不同地区机收合格率也存在差异，总体来看，各品种的合格率均高于75%。农牧交错区地形地貌复杂，气候差异较大，各个区域降水量也互不相同，因此造成了各地区的青贮玉米种植形式多种多样，有平作、垄作、套作等，有的地方还实行宽窄行种植。同时青贮玉米种植行距也相差较大，各个区域玉米种植行距不等，青贮玉米种植行距的不规范，极大地影响了青贮玉米收获机械化作业质量和作业效率，加大了收获时青贮玉米收获机械在作业过程中的损失率。此外，青贮玉米品种的选用也影响着玉米收获机械化的发展，大多数农民选育的品种多种多样，由此造成了青贮玉米的成熟期不同，有的青贮品种会出现倒伏等现象，这不但影响了玉米机收作业的质量和机收作业的效率，也极大地影响着青贮玉米的机收产量，影响了农民用机的热情和积极性。因此，对青贮玉米实行科学统一的规范种植，选种优良品种，是加快青贮玉米收获机械化发展的首要条件。

1.2.2.5　限制农牧交错区青贮玉米高产优质宜机收的关键制约因素

（1）品种。市场上缺少水肥抗性好、品质优、适宜当地的专用青贮玉米品种。目前生产上的玉米品种单一，缺乏突破性新品种。虽然玉米品种数量较多，大多数品种有生物鲜重产量高、植株高大、生育期长、持绿性较好等表现，但是大部分青贮玉米品种干物质产量普遍较低，营养成分少，纤维含量较高，粗淀粉、粗脂肪、粗蛋白含量较低，直接影响青贮饲料营养价值，同时突破性新品种少，相似品种多，品种同质化严重。多数品种有不适宜密植、成熟期偏长、后期脱水慢、不适合机械收获等缺陷。缺乏突破性品种，造成单一品种面积过大，会导致某些病虫害大发生或产生新的病害，会威胁粮食安全。另外，青贮玉米熟期影响青贮玉米的质量。近年来，青贮玉米推广种植品种主要是全株青贮类型品种，而该类型品种有一个共性就是生育期晚，收获时干物质含量不达标，干物质里淀粉含量较低，品质一般。种植户既怕霜冻影响产量，又怕牧场晚收或拒收，种植风险高。这类型品种的青贮营养价值低，每年青贮开窖的时候窖底水分太多需要清理出去，还增加了青贮变质的现象发生，从而导致牧场产奶成本增加。

（2）栽培管理技术落后，忽视投入。农区和牧区对青贮玉米认识不足，尤其是对全株玉米青贮品种缺乏正确了解。拿出最不好的地块种植青贮玉米，水肥条件差，靠天吃饭，疏于管理，直接后果就是青贮玉米产量低，质量差，而且对全株青贮玉米制作使用不规范，大大降低了全株青贮玉米的饲用价值。现代高效畜牧业生产应该追求的是产出投入比的最大化，但人们的观念还停留在粮饲玉米兼用习惯层面，粮食为口粮，秸秆等副产品饲用或焚烧。此外，在地块选择、覆膜种植、配方施肥、机械收割、添加剂使用等方面都存在许多问题，主要原因是认识不足，忽视投入。

（3）病虫害发生逐年加重。连续重茬种植导致玉米叶斑病、青枯病、丝黑穗病都有加重的趋势，大发生后造成一定的减产。2011年玉米螟严重危害，造成玉米减产25%～30%，引起大家的关注。目前缺乏抗虫品种和长期有效的抗虫抗病措施。

（4）农机农艺结合不够，机械化程度低。国外的全株青贮玉米配套机械先进，如格拉斯青贮玉米收割机，收割进度快，具有籽粒破碎装置，能更好地保证青贮发酵、牲畜消化和吸收。虽然我国基本实现玉米机械化播种，但是秸秆还田和机收水平目前不足10%，主要原因：一是缺乏适合机械收获品种；二是缺乏收获、秸秆粉碎还田、灭茬为一体的联合收割机。目前，多数相关农业机械质量不过关，农艺农机不配套，难以适应大面积机械化生产的要求。玉米生产以家庭为单位的小作坊式生产模式限制了大型农机的作业，无法进行大规模秸秆还田和土壤深松深翻。此外，使用小型落后的青贮收割机械，效率低，难以保证在有效时间内收获青贮玉米，造成过早或过晚收割，影响干物质产量，更提不上使用籽实破碎装置，降低了全株青贮玉米的使用效率。目前青贮玉米收获机具本身尚有不尽如人意之处，加上使用者技术不好，使青贮玉米在收获时出现倒伏秸秆不喂入、切断不彻底、切段不均匀和揉搓不好等问题。在农民看来，不仅未起到有效的作用，而且增添了不少麻烦，干脆拒绝使用。

（5）土地可持续生产能力有待进一步提高。长期以来，农牧交错区玉米生产以化肥投入为主，有机肥用量很少，土壤板结严重，有机质含量不足 1%，难以满足玉米生产所需，地力衰退严重。玉米生长期间施肥机械不配套，只能用简易机具将化肥施入土中，氮肥撒施、冲施、浅施比较普遍，生育后期追肥困难，氮肥利用率较低。近几年，风、雹、旱等自然灾害频繁发生，加上不断提高化肥投入量来实现增产的掠夺式生产方式，加重了环境负担，造成严重污染问题，导致土地的可持续生产能力大大降低。

（6）农技推广体系不健全。目前，农牧交错区农业科技成果转化率较低，科技成果应用"最后一公里"问题仍然突出，这有科研与生产脱节的原因，也有农民整体科技素质不高、对新技术吸纳能力不强的原因，但关键的原因还在于农技推广不力，基层体系建设滞后，导致科技供给传输不下去，农民需求反馈不上来，大量农业技术不能及时推广。

（7）青贮质优价不优。正常规定品质达标的品种，淀粉含量每增加 10 个点，收购单价每吨增加 20 元，而牧场制定收购价格以供给量定价，从而打击了优质品种的推广种植，近年来，部分青贮种植户选择先玉 696 作为青贮品种原因之一就是防止青贮定价太低影响种植效益，防止青贮收购故意拖延、压价，可转为收粒保护种植效益，另一个原因就是其既抗倒伏，又耐密植，能实现群体增产的目标。

（8）信息闭塞，使用落后淘汰品种。政府主管部门和科技人员信息闭塞，知识陈旧，引导种植一些产量低、品质差的淘汰落后品种。青贮玉米的干物质含量、糖含量、淀粉含量低，粗纤维中木质素含量高，消化吸收率低，品质差。有的品种不适应当地气候土壤条件，抗逆性差，给种植户造成损失，挫伤了青贮玉米种植和使用的积极性。

（9）思想认识落后，措施不力。传统习惯使农民的时效观念不强，缺乏"麦收"那样的紧迫感和压力感，加上科学种田的意识淡薄，认为要投入大量资金购买机器，当年效益不显著，而农村劳动力丰富，价格低廉。另外，由于宣传不够，一些基层领导和农民不能够用长远的眼光认识机械化收获青贮玉米，看不到机收的好处，对青贮玉米机械化收获技术的推广认识不足，措施不力。

（10）家庭联产承包与规模种植相矛盾的问题。农民独立分散经营的局面还未能从根本上改变，规模较小、带动力较弱的现象依然存在，应用大型机械进行统一播种、统一管理、统一收获等工作难度很大。

1.2.3 青贮玉米品质研究

青贮玉米作为专门饲养家禽家畜的玉米类型，优质的饲用营养品质对提高肉质及产奶量有积极作用。随着时间的推移，我国科技工作者对青贮玉米品质的研究也逐渐深入。目前，我国对饲用玉米的评价主要是通过概略养分分析法和范氏洗涤纤维分析法进行评定，主要以干物质（DM）、粗蛋白（CP）、粗脂肪（EE）、酸性洗涤纤维（ADF）、中性洗涤纤维（NDF）、粗灰分（CA）含量等作为分析指标[8]。针对饲用玉米的青贮品质，学者们一般从自由采食量、消化率以及生产性能等方面加以评定。在生产实践中，由于动物个体之间采食量和利用效率的差异，通常用消化率作为评定指标。饲料的能量消化率与粗蛋白、淀粉、粗脂肪等营养物质的含量呈正相关关系，而与粗纤维、木质素、粗灰分等非营养物质的含量呈负相关关系[9]。玉米不同的青贮方式，包括秸秆青贮以及全株青贮均极显著地提高了干物质中粗蛋白、粗灰分含量，极显著地降低了酸性洗涤纤维、中性洗涤纤维含量，提高了玉米的饲用营养品质。优质蛋白玉米赖氨酸含量一般在 0.4% 以上，蛋白质含量为 10%～12%，粗脂肪含量为 5%，其饲料价值是普通玉米的 1.5～1.6 倍[10]。多叶型玉米品种产量可达 113 882kg/hm²，且收获时玉米持绿性强，粗蛋白、粗脂肪含量较高而粗纤维含量低[11]。玉米全株青贮提高了青贮料的能量，增加了适口性，用其饲喂奶牛后，经济效益得到显著提高[9,12]。

目前，国外学者对青贮玉米品质的评价普遍为人们所接受的 Milk2000 评价体系[13]。Under Sander 等[14]认为，评定乳牛粗饲料品质的指数可以用饲喂乳牛 1t 粗饲料（干物质）所产生的泌乳量，且该指数的基础是以粗饲料所含的能量及乳牛对粗饲料干物质的潜在采食量（DMI）。品种、种植方式等均影响青贮玉米的饲用营养品质，收获时期也会影响青贮玉米的品质。Hallauer 等[15]研究不同熟期对整株玉米品质指标的影响，发现从 1/3 乳线期至完熟期，由于秸秆的老化，总糖、淀粉及总可消化养分含量明显下降，粗蛋白含量随生长期的延长递减，植株干物质、中性洗涤纤维、木质素含量迅速上升。目前，国内对通过高效栽培技术提高青贮玉米品质的研究鲜有报道，因此，开展栽培措施对青贮玉米品质影响的研究具有十分重要的意义。

1.2.4 施氮水平对青贮玉米田土壤生物学性状的影响

土壤是人类生活以及作物生长的基础，优质的土壤不仅使得植物优质高产，也是维持土壤生态系统多样性稳定的基本前提。氮是大多数陆地生态系统中影响植物生长发育的限制性元素，施入氮肥对植物增加产量有着积极的作用[1]，但过量施入氮肥会导致土壤板结、酸化以及微生物多样性降低[16,17]，因此，合理施用氮肥以提高氮肥利用率具有重要意义。

1.2.4.1 施氮水平对青贮玉米土壤理化性状的影响

施肥是影响土壤质量及其可持续利用的重要农业措施之一[18]，而适当施氮对于保持土壤养分及改善土壤环境进而提高玉米产量具有积极作用。施入氮肥通过增加土壤氮素含量、根系分泌物以及凋落物归还量，使得有机质含量增加，进一步促进作物生长。有研究发现，氮素含量与有机质、速效磷、速效钾含量及微生物群落丰度、作物产量均呈负相关关系；土壤有机质、氮素含量和微生物量都不同程度地促进了饲草玉米产量的增加，其中，土壤有机质含量直接影响了作物产量，碱解氮对产量间接影响较大[19]，符鲜[20]及张学林等[21]研究认为，不同施氮水平显著影响了土壤碳库及氮素含量，而且随着施氮量的增加，土壤中速效磷、速效钾和不同形态有机碳含量增加，作物非根际以及根系土壤硝态氮含量显著增加。

土壤微生物量被认为是土壤中有机质养分的一种短暂而最有效的贮存形式，也是土壤养分的源和库，可以作为土壤有机质的变化和土壤肥力的重要的生物学指标[20,22]。土壤微生物量是土壤物质和能量循环转化的动力，其大小变化可以反映土地利用方式的差异。农作物种植以及栽培等过程对土壤肥力的影响，可通过碳元素和氮元素等相关生物学指标进行了解。微生物利用土壤碳源进而构建自身细胞并大量繁殖，土壤微生物量碳的变化可以由有机碳的矿化过程反映[23]。土壤微生物量氮是土壤有效氮的重要来源，土壤氮素肥力的高低决定了其含量的大小，而土壤微生物量氮的含量的高低直接影响了土壤有机氮的矿化和供氮能力[24]。由此，有学者认为可以将土壤微生物生物量氮及微生物量碳含量，作为改善土壤肥力的具体响应指标[25]。

土壤中微生物类群和数量对土壤肥力及作物生长均有重要影响。土壤中能量、养分循环与有机物质转化调控的过程微生物均参与其中，且土壤微生态结构、土壤的理化性质也会随微生物数量及其占比的改变而变化，进而影响作物生长发育[26]。适量施用氮肥显著增加了土壤微生物量碳、氮含量[20]，而微生物量的变化会受到土壤、地理以及气候等一系列变化的影响。有研究表明，土壤酶活性的变化与施氮量关系密切，土壤微生物量与之并无显著影响[27]。也有研究认为，随着施氮量的增加，土壤微生物量亦增加，当施氮量大于 $250kg/hm^2$ 时，土壤微生物量碳、氮含量与施氮量 $250kg/hm^2$ 时差异不显著[28]。易镇邪等[29]研究发现，施入氮肥可以促进根系的生长，提高根系吸收土壤养分能力，加快根系的新陈代谢活动，扩大了根际及非根际微生物量碳源，进而增加了根际、非根际土壤微生物量碳、氮的含量。施肥后微生物量氮的增加主要来自化肥氮，施入的氮肥为微生物的生长提供了较多的氮源，刺激了微生物的生长[30]。随着氮肥施用量的增加，土壤中微生物所同化的氮亦增加，当尿素用量达到 312kg/hm² 时，中、低肥力土壤中的微生物氮含量有所降低[31]。李洪杰[32]研究表明，土壤中微生物量碳的含量随着施氮水平的降低而下降。王继红等[33]研究也认为影响土壤微生物量的主要因素是氮肥，其对微生物量的负效应随施氮量的加大而增加，高氮对微生物量的负效应高于低氮。

1.2.4.2 施氮水平对青贮玉米根系微生物群落的影响

在实际生产中，青贮玉米的生长受到土壤肥力、品种以及生态适应性等的影响[34,35]，而良好的根际微生物多样性可以提升土壤肥力，维持土壤生态系统的平衡。土壤中的微生物十分丰富，植物类型、气候条件、土壤类型、营养物质、空间部位等因素均会影响到微生物的分布以及丰度[36]。施入氮肥对土壤微生物多样性的影响已有大量相关的研究，Zhao 等[37]发现相比土壤类型和季节，施入氮肥对细菌及真菌的影响更大，连续两年施入氮肥的土壤微生物量要显著高于长期施入氮肥以及不施肥[38]。随着施氮量的增加，土壤中细菌、放线菌与真菌的数量均表现出先增加后降低的趋势，其中细菌数量变幅大于放线菌与真菌[19]。

微生物广泛寄生于植物以及动物身上，共生体对寄主适应性的作用是由相互作用向寄主扩散的[39,40]。根际微生物可以直接或者间接地影响生态系统中植物群落的分布以及生物量[41]，植物有益微生物之间可以通过共生和结合的相互作用，从而有助于植物养分的流入和获取。根际附近微生物的活动，会受到植物根际细胞分泌或者渗出的有机物、植物根冠细胞以及根毛的残留物、皮层细胞以及植物根细胞的裂解的影响[42]，植物根系又会影响到根系周围的微生物群落，这些微生物会利用植物的分泌物、有机酸等源物质作为生长发育的营养物质[43]。Meena 等[44]发现，营养液中加入生长素或者农杆菌会显著增加玉米的根长。细菌内生菌可能提供一种有利于固氮的微生物环境，极大限度地减少与根际中其他微生物的竞争[45]。有报道认为真菌群落组成的变化是增加氮输入的分解反应的主要驱动因素[46]，土壤碳的储存部分是通过分解来控制的，分解会随着氮的添加而增加或减少[47]，而碳代谢会影响微生物种群的变化[48]，目前关于微生物群落的研究集中在土壤以及根际，而有关青贮玉米根内微生物群落组成的研究鲜有报道。

1.2.5 施氮水平对青贮玉米产量的调控

施入氮肥对植物增加产量有着积极的作用[1]。氮素亏缺会直接影响玉米的光合作用，造成产量和品质下降[49]，而过量施入氮肥不仅不会增加青贮玉米产量，还会使得品质降低。目前大多数学者对于氮肥运筹的研究集中在小麦、水稻以及籽粒玉米，而关于氮素运筹对青贮玉米产量、品质影响的报道相对较少[50,51]。因此，对合理施用氮肥从而提高青贮玉米氮肥利用率的研究就显得非常重要。

1.2.5.1 施氮水平对青贮玉米光合特性的影响

　　植物光合能力表征着植物对环境变化的适应能力，亦可反映植物生长差异[52]，氮素运筹是调控作物生长及光合生产率的重要手段[53]。光合作用是光合物质生产和产量形成的重要因素之一[54]。增加作物产量的根本途径是改善其光合作用，提高叶片光能转化效率[55]。氮素在促进作物叶绿素、蛋白质、酶等物质合成的同时加快光合产物利用，所以氮素供应充足，作物光合作用加强，其增产潜力变大[56]。黄高宝等[57]同样发现，适宜的施氮水平可提高叶片硝酸还原酶活性与净光合作用，同时作物的干物质积累和产量也有所增加。施氮水平不同会对玉米光合作用强弱造成影响。随着施氮水平的提高，灌浆期玉米穗位叶光合性能明显提升[49]，Evans 等[58]发现作物同化速率随着叶片氮素含量的加大而增加，但其在叶片氮素含量增高到某一程度时不再持续增加，此外植株氮素含量的增加亦可提高 CO_2 固定速率，这主要是氮素通过影响植株生长而间接影响 CO_2 同化及光合产物积累。

　　适量施氮对于提高光合作用效果及抗干旱的能力也具有积极作用。施入适量氮肥能够提高水分胁迫状态下的气孔导度（Gs）和蒸腾速率（Tr），从而降低水分胁迫对植物产生的影响[59]。不同光辐射条件下，施氮量对叶片净光合速率和作物水分利用效率有显著影响[60]；王久龙等[61]分别在 40cm 和 60cm 行间距下研究了青贮玉米各光合指标对不同施氮量的响应，发现在光合有效辐射较低〔$\leqslant 1\ 000\mu mol/（m^2 \cdot s）$〕时，净光合速率和蒸腾速率随着施氮水平的增加而增大，施氮量为 $236.10\sim305.36kg/hm^2$ 时，青贮玉米的光合势和净同化率均达到最大，施氮量进一步增加，光合势和净同化率降低显著。因此，氮肥的施入是影响青贮玉米光合特性的重要因素，适宜的氮肥施入量不仅可以有效地提高光合性能，而且对青贮玉米产量以及抗逆均有积极作用。目前关于施氮水平的研究主要集中在籽粒玉米，而有关农牧交错区青贮玉米不同氮肥施用水平下光合特性分析的研究鲜有报道。

1.2.5.2 施氮水平对青贮玉米干物质积累转运及产量的影响

　　大量研究表明，施入氮肥可以增加玉米产量，施肥方式、施入量以及施肥时间等均对青贮玉米生长发育以及产量具有重要影响。在一定施肥范围内，随着施氮水平的增加，玉米株高、茎粗、叶片数、叶面积、穗长、穗粗、穗粒数、产量等都呈增加趋势[62-64]，但当氮肥施用过量时，这些指标无显著变化，甚至有下降的趋势。孙昕路等[65]研究施氮量对复播青贮玉米的影响表明，植株茎粗、果穗长度、秃穗尖长度、空秆率和绿叶数均随着施氮量的增加而增大，但株高、叶片数和穗位受施氮量变化影响较小。在新疆天山北坡地区种植复播青贮玉米，随施氮量的增加，青贮玉米的植株干物质重、氮含量、氮累积量和鲜草产量呈增加趋势，而青贮玉米的氮肥当季回收利用率、氮肥农学效率和氮肥生产效率呈下降趋势[65]。景立权等[66]通过监测氮肥对玉米干物质量的影响表明，氮肥可促进玉米干物质积累的增加，开花后10d内玉米干物质积累量最大，积累速度最快；李佳等[67]研究表明，随氮肥施用量增加，玉米干物质积累量呈增加趋势，当氮肥施用量为360kg/hm²时，玉米干物质积累量最高；李媛媛等[68]研究显示，在吐丝期之前，随氮肥施用量增加，玉米干物质积累量亦呈增加趋势。

玉米的生长包括营养生长和生殖生长两个阶段，在抽雄吐丝之前以营养生长为主，特别是拔节至吐丝期玉米个体生长迅速；吐丝期后以生殖生长为主。在不同生育时期，青贮玉米的"源"和"库"关系不同。氮素施用量影响植株干物质积累量及其在各器官中的分配比例。苗期之后，青贮玉米干物质积累最主要的"源"是叶片，其在干物质总量中的分配比例逐次降低。苗期及拔节期叶片在干物质总量中的分配量高于茎，随着生育期延长，叶作为"源"向其他器官输出干物质，叶片在干物质总量中的分配量低于除苞叶外的其他器官，作为玉米重要支持器官的茎秆从拔节期至抽雄期的物质积累重要的储存"库"向灌浆后植株重要的"源"器官转变，并将积累的干物质转运到籽粒，收获期籽粒在干物质总量中的分配量均高于其他器官。

青贮玉米种植区域受气候、土壤等环境因素影响，实现青贮玉米高产优质的重要措施是不同地区合理的氮素运筹。魏学敏[69]研究发现，内蒙古地区青贮玉米与紫花苜蓿在立体栽培条件下，青贮玉米产量随着施氮量的增加呈先增加后减少的趋势，施氮过量会抑制玉米的生长，最适施氮量为278.4～291.8kg/hm²，吉林省青贮玉米的适宜施氮量为180～210kg/hm²[70]；新疆地区，468kg/hm²为青贮玉米适宜的施氮量[65]。郑文生[71]发现玉米产量受施氮次数的影响极显著，而受施氮量、施氮次数与施氮量的交互作用影响不明显，其中施氮一次处理下，施氮量对玉米产量影响不显著，施氮三次处理下，施氮量的增加对玉米产量影响显著。可见适量的施氮水平对作物生产具有重要意义，但过量施氮则会影响作物的生长及产量，因此，明确氮肥用量对农业可持续发展至关重要。

1.2.6 施氮水平对青贮玉米品质的影响

青贮玉米在生长发育过程中需要吸收大量肥料，对氮素的反应尤其敏感。不同的氮肥用量对青贮玉米的品质影响较大，增施氮肥可提高其营养品质。产量和品质是衡量饲用玉米品种及其产品优劣的主要指标，产量的衡量不以籽粒产量而是以单位土地面积上干物质的产量和转化为奶的产量为标准。整株干物质含量会影响青贮饲料的消化吸收率[72]。李婧等[73]通过试验发现，随着施氮量的增加，粮饲兼用玉米中性洗涤纤维（NDF）和酸性洗涤纤维（ADF）含量降低，秸秆中粗蛋白含量增加；施氮量相同情况下不同时期叶片中的中性洗涤纤维和酸性洗涤纤维含量比叶鞘低。综上所述，施氮对籽粒产量及秸秆的品质均会产生较大的影响，适量施氮肥可明显提高玉米的产量和秸秆的饲用品质。

施氮时期对青贮玉米的产量和品质也有着显著影响。陈国强[74]研究发现，适期追氮可提高秸秆中粗蛋白含量和粗脂肪含量，并降低秸秆中各类纤维的含量。王永军等[75]研究氮肥施用量和施用时间对玉米饲用营养品质的影响表明，氮肥施用量对品质影响大于氮肥施用时间，增施氮肥可提高粗脂肪、粗蛋白质含量，降低酸性洗涤纤维、粗灰分含量。随着氮肥施用量的增加，玉米饲用品质得到明显改善，适宜的氮肥用量会获得最大干物质和净产奶量，但过量施用会导致土壤中 NO_3^--N 含量增加，因此，饲用玉米的生产关键是饲用品质和最大干物质的利益与潜在增加土壤 NO_3^--N 含量的平衡。在有机肥施用量很少的情况下，氮、磷、钾配方施肥比单施氮肥或氮、磷配合肥料有显著的增产作用，张吉旺等[76]认为，带穗青贮与不以籽粒为收获目的玉米品种，在拔节前后追肥一次较好，粮饲兼用玉米以两次追肥（拔节期—大喇叭口期，或拔节期—散粉期）为宜，三次追肥不建议使用。蔡晓妍等[77]也报道了同样的结果。综合来看，适当生育时期施氮对提高秸秆饲用品质和产量作用较大。青贮玉米品质的好坏，直接影响到牲畜的肉质以及奶牛的产奶量和产奶品质。因此，开展不同施氮水平下青贮玉米品质的研究具有紧迫性。

1.2.7 施氮水平对青贮玉米氮素转移利用的影响

氮素是作物从土壤中吸收数量最多的营养元素。氮素通过玉米根系吸收、植株体内转化利用并形成有机物质在籽粒中累积，构成了玉米氮代谢的基本环节。研究分析发现，施氮量过高、运筹不当、养分供应与玉米生育不同步，是氮素利用率低的主要原因[78]。因此，研究青贮玉米氮素转移利用，无论在生产实践上，还是在科学研究上，均具有重要意义。

1.2.7.1 作物对氮肥的吸收及利用

尿素是目前大田中使用最多的氮肥，它在施入土壤后先被脲酶分解成不稳定的氨基甲酸铵，然后转化成为铵态氮、硝态氮等状态，氮素部分被作物吸收，部分以氨、氮氧化物等形式进入大气或水体[79]。微生物参与氮转化的过程可描述为由六个有序进行的不同反应组成的循环过程。一个氮气分子体首先通过固氮作用变成氨气后经过同化吸收作用转成生物有机氮，然后经过氨化作用变成铵盐，再通过硝化作用被氧化成硝酸盐（$NH_4^+ \rightarrow NO_2^- \rightarrow NO_3^-$），最终经反硝化作用被还原为一个氮气分子（$NO_3^- \rightarrow NO_2^- \rightarrow NO \rightarrow N_2O \rightarrow N_2$）或经氧化作用被还原为一个氮气分子（$NO_2^- + NH_4^+ \rightarrow N_2$）[79]。事实上，氮循环过程并未达到上述所描述的一个平衡状态，反而是与氮通量的大小有关。土壤施入 NH_3 肥后主要损失途径为淋洗和气态损失[80]。农田生产引起的氨挥发是大气中 NH_3 的重要来源[81]，农业生产活动如施肥等会造成大量的氨挥发。土壤性质（含水量、质地、通气状况和 pH 等）、气候条件（光、温度、水）、田间管理措施（施肥方式、种类及灌溉方式）等因素均会影响农田氨挥发[82,83]。植物中，根从土壤中吸收氮素后以氨基酸和 NO_3^- 形式通过木质部向地上部转移运输，木质部汁液中也存有少量的 NH_4^+、多肽等化合物；氨基酸的形式因作物而异[84]。作物叶片中的氨基酸部分形成结构蛋白、功能蛋白，主要以氨基酸形式通过韧皮部转移到果穗中参与蛋白质合成。玉米根系可吸收无机氮与有机氮，但主要是吸收无机氮。从生育期来看，幼苗期以吸收铵态氮为主，吐丝以后以硝态氮的吸收较多，还包括少部分亚硝态氮；从吸收类型上看，主动吸收以 NO_3^- 的吸收为主，而被动吸收以 NH_4^+ 为主。从种植时间看，春玉米氮吸收与干物质积累大致对应，夏玉米由于氮的吸收速度比干物质积累速度稍慢，这是由于夏玉米生育时期较短造成的[85]。青贮玉米氮素吸收与利用的研究鲜有报道。

1.2.7.2 施氮水平对青贮玉米氮素转移利用的影响

氮素作为作物生长发育过程中需求量最大的营养元素，直接或间接地影响着作物的生长及干物质的积累。在玉米整个生育期，对氮素的需求量呈先增加后平缓降低的趋势，从苗期至拔节期，由于生长比较缓慢，此阶段氮的吸收量较少；拔节期至灌浆期是玉米进入快速生长阶段，此阶段对氮素的需求量也快速增加；灌浆期后，玉米逐渐由营养生长转变为生殖生长，植株内氮的累积量趋于平缓。施入氮肥可以显著提高玉米关键生育期的氮素吸收量，并促进抽雄期养分向籽粒的转运[86]。前人已经大量研究施氮水平下籽粒玉米氮素的转移利用，张石宝等[87]研究表明，随着施氮量的增加，春玉米地上各部分中氮的累积亦增加，吐丝期前不同施氮量玉米氮素吸收量均多于后期，过量供氮会导致玉米氮素代谢旺盛，下位叶提前脱落[88]。施用过量的氮肥，不利于氮、磷向籽粒转运，致使籽粒产量降低。而氮素减量后移，可以更好地使供氮与作物吸收同步[89]，这可能与氮、磷的交互作用有关。合理的氮、磷、钾配比，有利于作物对养分的吸收和生物量的累积，从而利于最终产量的形成[88,90]，杜红霞等[91]也认为，过量施氮不利于提高氮肥利用效率。施氮量与玉米吸收氮量呈显著线性关系，在一定施氮量下，植株氮素含量随着施氮量的增加而增加，但当施氮量增加超过 $150kg/hm^2$ 时，作物吸氮量有下降的趋势。

在土壤中，铵态氮与硝态氮是作物可以直接吸收利用的有效氮素形式，部分学者认为施氮与土壤铵态氮含量呈正相关。张智猛等[92]的研究表明，冬小麦-夏玉米轮作中，夏玉米季土壤硝态氮含量随着生育进程的变化呈先增加后降低的趋势；小麦季收获后至玉米苗期，土壤硝态氮含量有所下降。为此，研究青贮玉米氮肥转移利用对精准施肥、减少氮肥过量、提高氮肥利用率具有积极影响。

1.3 研究内容

本试验通过设置不同施氮水平处理，分析不同氮素施用水平下青贮玉米的土壤生物学特性、光合特性、产量形成因素、饲用品质以及氮素转移利用的差异性，从而进一步明确滴灌条件下青贮玉米最佳施氮量和较经济的氮素利用效率，为农牧交错区青贮玉米高产稳产提供理论依据及实践基础。研究内容包括以下几个方面：

（1）施氮水平对青贮玉米田土壤酶活性及微生物量的影响。在氮肥定位施用条件下，通过分析青贮玉米全生育期不同施氮水平对土壤过氧化氢酶、脲酶、蔗糖酶、碱性磷酸酶及微生物量碳、氮的影响，揭示青贮玉米田土壤酶活性及微生物量的时空变化特征，进一步明确土壤酶活性及微生物量对氮素施用的响应机制。

（2）施氮水平对青贮玉米田根系空间微生物多样性的影响。运用高通量测序与生物信息学相结合的手段，分析不同施氮水平对青贮玉米非根际土壤、根际土壤和根内细菌及真菌群落组成及多样性的影响，同时利用结构方程模型分析非生物因子和生物因子对土壤微生物群落及其相互作用的影响，揭示青贮玉米根系微生物群落对施氮水平的响应机制。

（3）施氮水平对青贮玉米生长发育及产量的影响。在氮肥定位施用条件下，通过分析不同施氮水平对青贮玉米各生育期植株农艺性状（株高、整株干、鲜重、各器官干物质量）、光合特性（叶绿素含量、叶面积指数、净光合速率、蒸腾速率、气孔导度、胞间 CO_2 浓度）以及产量的影响，明确青贮玉米干物质积累特征、器官间分配比例、光合生理特性及产量对氮水平的响应。

（4）施氮水平对青贮玉米品质特性的研究。通过测定不同施氮水平下青贮玉米收获期植株粗蛋白、粗脂肪、中性洗涤纤维、酸性洗涤纤维、淀粉等营养品质，进一步揭示施氮水平对青贮玉米品质特性的影响。

（5）施氮水平对青贮玉米植株氮素分配的影响。在氮肥定位施用条件下，通过测定不同施氮水平下青贮玉米生育期土壤全氮以及各器官（叶、茎、果穗、籽粒）氮素含量，揭示青贮玉米田土壤及植株氮素含量的时空变化特征，进一步明确青贮玉米氮素吸收转移、各器官氮素分配以及植株氮素利用率对施氮水平的响应。

1.4 技术路线

本研究通过连续两年的田间试验和室内试验，分析不同施氮水平下青贮玉米田土壤生物学特性、产量形成因素、饲用品质及氮素转移利用规律的差异性，进而揭示不同施氮水平对青贮玉米根系空间（非根际、根际、根内）微生物组成及氮素利用的影响机制。试验技术路线如图 1-1 所示。

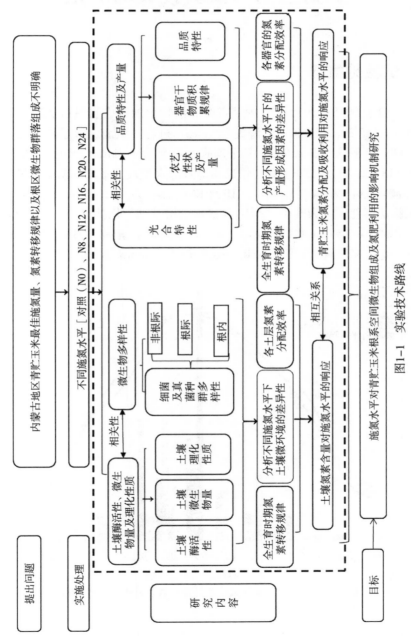

图 1-1 实验技术路线

■ 第二章　试验设计与方法

2.1　试验地概况

本试验于 2018—2019 年在内蒙古呼和浩特市内蒙古自治区农牧业科学院试验田（40°45′N，111°40′E，海拔 1 040m）进行。该地区属于典型的高原大陆性气候。年平均气温 6.7℃，年平均降水量为 399.26mm（1998—2017 年），无霜期 113～134d。2018—2019 年试验地月降水量及月平均气温分布见图 2-1。2018 年降水总量为 574.1mm，2019 年降水总量为 412.10mm。土壤为褐壤土，试验地前茬作物为糜子，2018 年播前土壤基础理化性质为 pH7.62，有机质 22.63g/kg，全氮 1.083g/kg，全磷 0.773g/kg，全钾 0.355g/kg，碱解氮 59.5mg/kg，速效磷 15.917mg/kg，速效钾 117.50mg/kg。

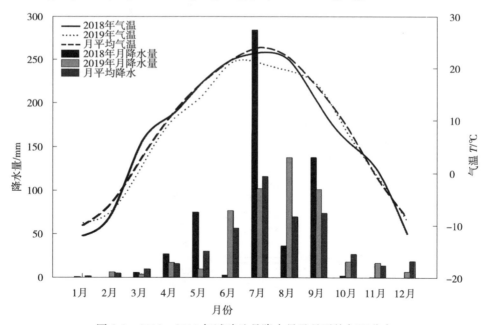

图 2-1　2018—2019 年试验地月降水量及月平均气温分布

2.2 试验设计

试验采用随机区组设计，供试品种为"种星青饲1号"，分别设0（N0）、120（N8）、180（N12）、240（N16）、300（N20）、360（N24）kg/hm² 六个氮肥梯度，以 N0 作为对照，每个处理重复3次；小区面积28m²，行距0.6m，区组间距为1m，四周设置1m宽保护行。

2018 年 5 月 4 日和 2019 年 4 月 23 日播种，采用人工播种方式，播种密度为75 000株/hm²，灌水采用露地滴灌方式，2018年于6月27日及8月15日分别灌水489.45m³/hm²、608.40m³/hm²，2019年于6月20日、7月15日及8月10日分别灌水491.10m³/hm²、623.25m³/hm²及525.65m³/hm²。除施氮量不同外，其他田间管理方式同大田。

本研究为氮肥定位试验，2017年前茬作物收获后对试验地进行深翻，2018年及2019年在播前10天整地。所有处理施入相同剂量的磷肥 [138kg/hm² $(NH_4)_2HPO_4$] 以及钾肥（38.25kg/hm² K_2O），氮肥选用了树脂包衣尿素（含氮量45%），所有肥料在播前均作为基肥在犁沟中手工施入，后期不追肥。在玉米各生育阶段进行人工除草和病虫害防治，2018年青贮玉米收获后，各小区保持原状至2019年；在2019年春播前10天清除根茬，旋耕整地后进行当年试验。

2.3 采样和田间调查时间

从青贮玉米播种后开始，对青贮玉米出苗及植株状态进行观察，以小区50%的玉米植株表现该生育期的特征为标准，记录各施氮处理下青贮玉米的关键生育时期（苗期、拔节期、大喇叭口期、抽雄期、收获期）。由于不同施氮量下青贮玉米生长期不一致，其中 N12 处理的生育期在整个生长发育阶段均位于各施氮处理之间，因此除收获期外，青贮玉米田土壤及植株采样和田间调查时间以 N12 处理为准，各施氮处理青贮玉米取样时间如表2-1所示。

表 2-1 各施氮处理青贮玉米取样时间（月/日）

时　间	氮肥处理	播种期	苗期	拔节期	大喇叭口期	抽雄期	收获期
	N0	5/4	6/6	6/24	7/3	7/26	9/9
2018 年	N8	5/4	6/6	6/24	7/3	7/26	9/9
	N12	5/4	6/9	6/24	7/3	7/28	9/15

（续）

时　间	氮肥处理	播种期	苗期	拔节期	大喇叭口期	抽雄期	收获期
	N16	5/4	6/9	6/24	7/3	7/28	9/15
2018 年	N20	5/4	6/9	6/24	7/3	7/28	9/15
	N24	5/4	6/9	6/24	7/3	7/28	9/15
	N0	4/23	5/6	6/6	6/24	7/11	9/18
	N8	4/23	5/7	6/6	6/24	7/11	9/28
2019 年	N12	4/23	5/7	6/6	6/24	7/13	9/28
	N16	4/23	5/7	6/6	6/24	7/13	9/28
	N20	4/23	5/7	6/6	6/24	7/13	9/28
	N24	4/23	5/8	6/6	6/24	7/13	9/28

注：2018 年播种后由于气温较低，导致出苗时间延长。

■ 第三章 施氮水平对青贮玉米田土壤酶活性及微生物量的影响

土壤酶活性及微生物量的大小能够反映土壤中微生物的活性、生物化学反应的活跃程度以及养分物质循环状况等。土壤酶在土壤生态系统的物质循环和能量转化中起着非常重要的作用[93]，各种土壤酶活性对土壤受到的外源干扰都比较敏感[94]，其参与催化土壤中有机物分解、养分物质循环等生物化学过程。同时，土壤微生物在土壤有机物循环过程中也起着非常重要作用[95]，微生物量越大，土壤质量越高，越利于作物生长，因此，微生物量成为反映不同条件下土壤质量变化的重要指标。施氮肥能显著影响土壤酶活性及微生物量，但过量氮肥的施用对于土壤酶活性及微生物量的增加反而有抑制作用。因此，明确氮肥用量对土壤酶活性及微生物量的影响对农业可持续发展至关重要。

3.1 材料与方法

3.1.1 土壤取样方法

试验分别在 2018 年及 2019 年青贮玉米的苗期、拔节期、大喇叭口期、抽雄期以及收获期，取土样品测定土壤酶活性及微生物量。每个小区采用五点取样法进行取样，用土钻取 0～10cm、10～20cm、20～40cm 三个土层土样，再将三个重复小区的土样混合，除去植物残体及石块，将混合均匀的土样分别装入两个塑封袋中。一袋土样放置于 4℃的冰箱中以备微生物量碳、微生物量氮的测定，另一袋土样在 35℃ 以下风干，过 1mm 筛，用以测定土壤过氧化氢酶、蔗糖酶、脲酶、碱性磷酸酶活性。土壤酶活性的测定参照鲍士旦[96]主编的《土壤农业化学分析方法》（第三版）进行测定，测定具体方法如下。

3.1.2 土壤过氧化氢酶活性测定方法

土壤过氧化氢酶活性采用高锰酸钾滴定法测定：称取 2g 过筛后的土壤于 150mL 的锥形瓶中，依次加入 40mL 蒸馏水及 5mL 0.3% H_2O_2 溶液，使用封口膜封口，置于摇床上，在 200r/min 条件下振荡 20min，加入 5mL 3mol/L 硫酸溶液，摇匀后用慢性滤纸过滤，取 25mL 滤液于干净的锥形瓶中，使用 0.1mol/L 高锰酸钾滴定至粉红色，记录滴定值，并计算过氧化氢酶活性值。

3.1.3 土壤脲酶活性测定方法

土壤脲酶活性采用靛酚蓝比色法测定：称取 5g 过筛后的土壤于 150mL 的锥形瓶中，加入 1mL 甲苯，静置 15min，依次加入 10mL 10％的尿素及 20mL pH 为 6.7 的柠檬酸盐缓冲溶液，摇匀后使用封口膜封口并放置于 37℃恒温培养箱中培养，24h 后取出，用中速滤纸过滤，使用移液枪取 3mL 滤液于 50mL 干净的容量瓶中，随后加入 20mL 蒸馏水、4mL 苯酚钠溶液和 3mL 次氯酸钠溶液，摇匀后放置于桌面静置 20min 后显色、定容。1h 内使用分光光度计于 578nm 波长处比色（靛酚的蓝色在 1h 内保持稳定）。同时做无土对照和无基质对照，无基质对照在培养时加入 30mL 的蒸馏水代替尿素及柠檬酸盐缓冲溶液，其他实验步骤与上述一致。

3.1.4 土壤蔗糖酶活性测定方法

土壤蔗糖酶活性采用 3,5-二硝基水杨酸（DNS）比色法测定：称取 5g 过筛后的土壤于 150mL 的锥形瓶中，依次加入 15mL 8％的蔗糖溶液，5 滴甲苯及 5mL 磷酸缓冲液（pH＝5.5），摇匀后使用封口膜封口并放置于 37℃的恒温培养箱中培养，24h 后取出，用中速滤纸过滤，使用移液枪吸取 1mL 滤液于 50mL 容量瓶中，再加入 3mL DNS，待水浴锅中水沸腾后，将容量瓶放入沸水浴 5min，再用自来水冷却 5min 后定容，使用分光光度计于 580nm 波长处比色。同时做无土对照和无基质对照，无基质对照在培养时加入 20mL 的蒸馏水代替蔗糖溶液及磷酸缓冲液，其他步骤与上述一致。

3.1.5 土壤碱性磷酸酶活性测定方法

土壤碱性磷酸酶采用磷酸苯二钠比色法测定：称取 5g 过筛后的土壤于 150mL 的锥形瓶中，依次加入 2.5mL 甲苯及 20mL 磷酸苯二钠溶液，摇匀后使用封口膜封口并放置于 37℃的恒温培养箱中培养，24h 后取出，加入 100mL 0.3％的硫酸铝溶液，摇匀后用中速滤纸过滤，从滤液中吸取 3mL 于 50mL 容量瓶中，加入 5mL 硼酸溶液，再加入 4 滴氯代二溴对苯醌亚胺，摇匀后等待 30min 显色，定容，使用分光光度计于 660nm 波长处比色。同时做无土对照和无基质对照，无基质对照在培养时加入 20mL 的蒸馏水代替磷酸苯二钠溶液，其他步骤与上述一致。

3.1.6 土壤微生物量碳、微生物量氮测定方法

微生物量碳、微生物量氮采用氯仿熏蒸浸提法测定[97]。

（1）土壤前处理。将冷藏的土壤样本去除植物残体、根系和可见的土壤动

物等，然后过 2～3mm 筛子，将过筛的土壤样品调节到田间持水量的 50％左右，过湿的土壤进行晾干时要经常翻动，避免局部风干导致微生物死亡；过干的土壤人为补充水分，人为补充水分时应翻动下层土壤并使得喷洒均匀。将约 150g 过筛的土壤放入培养桶内，再放入两个分别装有 25mL 蒸馏水及 25mL NaOH 的烧杯，盖上盖子，用胶带封口放于室温为 25℃ 的环境下培养 10d。

（2）熏蒸。培养到天数后打开盖子，将土壤一半熏蒸，一半不熏蒸。熏蒸土壤：将桶中土壤转移到 100mL 烧杯内，于干燥器中避光熏蒸 1d，熏蒸时，干燥器底部放置装有少量水的小烧杯以保持湿度，同时放入一个装有 50mL 1mol/L NaOH 溶液的小烧杯以及 50mL 的无乙醇氯仿溶液，用少量凡士林密封干燥器，用真空泵抽气至氯仿沸腾至少保持 2min，打开阀门放气，再反复抽气 3～4 次，关闭干燥器阀门。24h 后打开阀门，取出水、NaOH 溶液及氯仿，擦干净干燥器底部，反复抽气，直到土壤闻不到氯仿气味为止。

（3）土壤含水率测定。往铝盒中称取约 50g 熏蒸与未熏蒸的湿土壤，准确称量铝盒加土壤的重量后，将铝盒放入烘箱中，105℃烘干至恒重，准确称取铝盒加干土的重量，以及铝盒的重量，并计算土壤含水率。

（4）提取液。往 150mL 的锥形瓶中分别称取相当于 12.5g 烘干土的熏蒸与未熏蒸的湿土壤，加入 50mL K_2SO_4 溶液，300r/min 振荡 30min。空白不加土壤，只加 K_2SO_4 溶液。使用中速滤纸过滤得到滤液。

（5）土壤微生物量碳测定。取 10mL 提取液于消煮管内，分别加入 5mL K_2CrO_7 及 5mL 浓硫酸溶液，再放入 3～4 个玻璃球防止爆沸，将消煮管放置于消煮炉上 175℃消煮 10min，移出冷却后，使用蒸馏水冲洗消煮管 3～5 次于锥形瓶内，定容至 80mL，再加入 1～2 滴邻菲罗啉指示剂，用 Fe_2SO_4 滴定至棕红色，记录滴定值。

（6）土壤微生物量氮测定。取 1.5mL 提取液于 40mL 试管内，依次加 3.5mL 柠檬酸缓冲液和 2.5mL 茚三酮溶液，混匀后沸水浴加热 25min，冷却至室温后，再加 9mL 95％的乙醇溶液，摇匀并且充分显色后，使用分光光度计在 570nm 波长下比色，并记录数据。

（7）标准曲线制作。称取 4.716 7g 烘干后的硫酸铵，使用 K_2SO_4 溶液定容于 1L，从中取 5mL 的硫酸铵标准贮存液于 100mL 容量瓶中，加 95mL 硫酸钾溶液。最后分别吸取 0、0.5、1.0、2.0、3.0、4.0、5.0mL 硫酸铵标准溶液于 100mL 容量瓶中，用 K_2SO_4 溶液定容，使用分光光度计在 570nm 波长下比色，以硫酸铵标准溶液浓度为横坐标（对应浓度分别为 0、0.25、0.5、1、1.5、2、2.5mol/L），吸光度值为纵坐标，绘制土壤微生物量氮标准曲线。

3.2 数据处理与分析方法

采用 Excel 2010 整理数据；使用统计分析软件 SPSS25.0 进行方差分析和因素显著性分析，使用 GraphPad. Prism. v 5.0 绘图，不同处理之间多重比较采用最小显著差异法（LSD）。

采用 SPSS25.0 分析青贮玉米田土壤酶活性、微生物量及施氮量间的相关系数，将各土层土壤酶活性及微生物量先进行加权平均，然后将各处理下土壤酶活性、微生物量以及各施氮量导入 SPSS 中，计算 Pearson（皮尔逊）相关性。

3.3 结果与分析

3.3.1 施氮水平对青贮玉米田土壤过氧化氢酶活性的影响

不同施氮处理下青贮玉米田各土层过氧化氢酶活性在 2018 年及 2019 年随着生育期的推进均呈先增加后降低的变化趋势（图 3-1，图 3-2），其中 0～10cm 土层 2018 年 N8 处理、2019 年 N20 处理分别在抽雄期及拔节期达到峰值，其他处理均在大喇叭口期达到最大值。对土壤过氧化氢酶活性影响因素做主效检验（表 3-1），结果表明施入氮肥对过氧化氢酶活性的影响达到极显著水平（$P<0.01$），说明氮肥是影响过氧化氢酶活性的因素之一；除 2018 年抽雄期及 2019 年拔节期外，其他生育时期土层深度对过氧化氢酶活性的影响均达到显著水平（$P<0.05$），且 20～40cm 土层过氧化氢酶活性最高，表明较深层的土壤中存在较高的过氧化氢底物。

2018 年从苗期到大喇叭口期，各土层 N16、N20、N24 处理过氧化氢酶活性均高于其他低氮处理，其中在 0～10cm、10～20cm 土层达到显著水平（$P<0.05$），20～40cm 土层苗期及拔节期 N20 处理过氧化氢酶活性最高，分别为 50.09mL/g、55.49mL/g，大喇叭口期 N16 处理最高，为 56.83mL/g，较其他施氮处理高出了 0.41%～6.95%，表明土壤中氮素含量的增加，一定程度上促进了对有机质敏感的过氧化氢酶活性的增高；在抽雄期及收获期，由于不施入氮肥导致玉米早衰，土壤中有机质的增加导致过氧化氢酶活性增高，对照（N0）过氧化氢酶活性最高，在 0～10cm 土层过氧化氢酶活性分别为 52.39mL/g、44.84mL/g，10～20cm 土层分别为 52.39mL/g、44.80mL/g，20～40cm 土层收获期 N0 处理过氧化氢酶活性最高为 44.94mL/g，抽雄期各施氮处理间无显著性差异（$P>0.05$）。

青贮玉米田土壤有机质主要来自植被凋落物的分解及淋溶，由于 2018 年

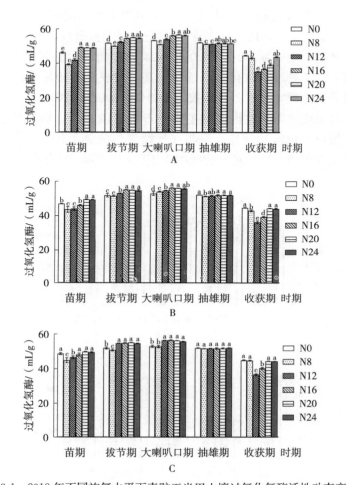

图 3-1 2018 年不同施氮水平下青贮玉米田土壤过氧化氢酶活性动态变化

A. 0～10cm B. 10～20cm C. 20～40cm

注：垂直线条代表标准差；不同小写字母代表处理间差异达到 $P<0.05$ 显著水平。

N0 处理玉米植株叶片、根系等残体及腐殖质积累时间较长，2019 年过氧化氢酶活性除拔节期 N16 处理在 0～10cm 土层高于对照外，0～10cm 及 10～20cm 土层其他生育时期，与对照相比，施加氮肥后的各处理均不同程度地降低了过氧化氢酶活性。其他施氮处理间比较发现，0～10cm 土层在苗期、拔节期及抽雄期过氧化氢酶活性随着施氮量的增加呈先增高后降低的变化趋势，最大值分布在 N12 及 N16 处理，大喇叭口期及收获期 N8 处理最高，分别为 39.24mL/g、34.13mL/g；10～20cm 土层苗期、拔节期、抽雄期及收获期过氧化氢酶活性随着施氮量的增加呈先增高后降低的变化趋势，最大值均为 N16

处理，大喇叭口期过氧化氢酶活性大小顺序依次为 N0＞N24＞N8＞N16＞N12＞N20，其中 N8、N12、N16 及 N24 处理间无显著性差异；20～40cm 土层在青贮玉米整个生长期 N16、N20 及 N24 处理间均无显著性差异，且从苗期到抽雄期，N16 处理过氧化氢酶活性最高，收获期各施氮处理间过氧化氢酶活性无显著性差异，N20 处理最高，为 34.06mL/g。2019 年各施氮处理间比较发现，过氧化氢酶活性最大值主要分布在 N16 处理，较高的施氮量反而降低了各土层过氧化氢酶活性。说明在连续定位施氮条件下，N16 处理更有利于土壤合成腐殖质和防除过氧化氢的毒害作用，较高氮肥施入量则会降低该能力。

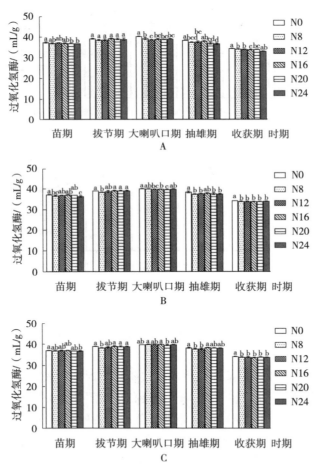

图 3-2 2019 年不同施氮水平下青贮玉米田土壤过氧化氢酶活性动态变化

A. 0～10cm B. 10～20cm C. 20～40cm

注：垂直线条代表标准差；不同小写字母代表处理间差异达到 $P<0.05$ 显著水平。

表 3-1 土壤酶活性主效应因素分析

土壤酶	因素显著性		苗期	拔节期	大喇叭口期	抽雄期	收获期
过氧化氢酶	2018 年	土层	**	**	**	ns	**
		氮肥	**	**	**	**	**
		土层×氮肥	**	**	**	**	**
	2019 年	土层	*	ns	**	**	**
		氮肥	**	**	**	**	**
		土层×氮肥	*	**	**	*	**
蔗糖酶	2018 年	土层	**	**	**	**	**
		氮肥	**	**	**	**	**
		土层×氮肥	ns	*	ns	**	**
	2019 年	土层	*	ns	ns	**	ns
		氮肥	**	**	*	**	**
		土层×氮肥	ns	**	ns	**	**
脲酶	2018 年	土层	*	**	*	**	**
		氮肥	**	**	**	**	**
		土层×氮肥	ns	**	**	**	*
	2019 年	土层	**	**	**	**	ns
		氮肥	**	**	**	**	**
		土层×氮肥	**	**	**	ns	ns
碱性磷酸酶	2018 年	土层	**	*	ns	**	**
		氮肥	**	**	**	**	*
		土层×氮肥	**	ns	**	**	**
	2019 年	土层	**	**	**	**	ns
		氮肥	**	**	**	**	**
		土层×氮肥	**	**	**	**	ns

注：氮肥代表不同施氮量（N0、N8、N12、N16、N20、N24），土层代表不同土层（0～10cm、10～20cm、20～40cm）；* 代表 $P<0.05$，差异显著；**代表 $P<0.01$，差异极显著；ns 代表 $P>0.05$，差异不显著，下同。

3.3.2 施氮水平对青贮玉米田土壤蔗糖酶活性的影响

不同施氮处理下青贮玉米田各土层蔗糖酶活性在 2018 年及 2019 年随着生育期的推进均呈先增加后降低的变化趋势（图 3-3，图 3-4），其中 2018 年 0～10cm、10～20cm、20～40cm 土层分别在大喇叭口期、拔节期、抽雄期达到峰值，2019 年各土层均在抽雄期达到峰值，表明在青贮玉米生长旺盛期，土壤蔗糖酶活性受根系活动及其对养分吸收的影响作用明显。对土壤蔗糖酶活性影响因素做主效检验（表3-1），结果表明，施用氮肥对蔗糖酶活性的影响达到极显著水平（$P<0.01$），说明氮肥是影响蔗糖酶活性的重要因素；除2019年拔节期、大喇叭口期及收获期外，其他生育时期不同土层间土壤蔗糖酶活性差异均达到显著水平（$P<0.05$）。

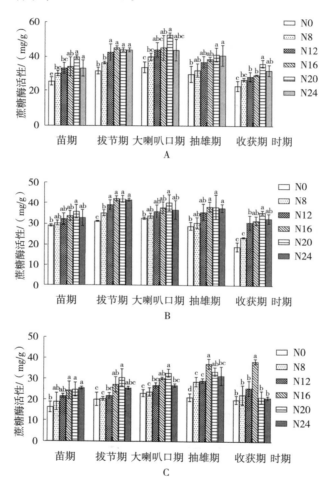

图 3-3　2018年不同施氮水平下青贮玉米田土壤蔗糖酶活性动态变化
A. 0～10cm　B. 10～20cm　C. 20～40cm
注：垂直线条代表标准差；不同小写字母代表处理间差异达到 $P<0.05$ 显著水平。

经过连续两年的施氮试验，不同施氮处理间比较发现，除2018年苗期20～40cm土层蔗糖酶活性随着施氮量的增加而增高外，其他生育时期各土层蔗糖酶活性随着施氮量的增加呈先增高后降低的单峰曲线形变化趋势，且最大

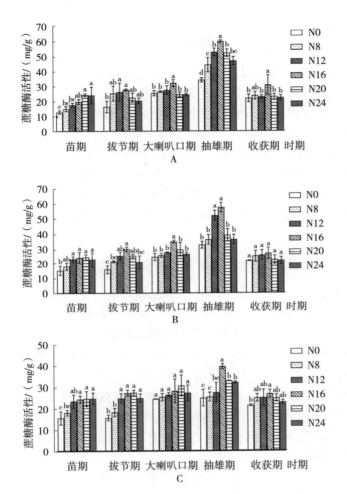

图 3-4　2019 年不同施氮水平下青贮玉米田土壤蔗糖酶活性动态变化

A. 0～10cm　B. 10～20cm　C. 20～40cm

注：垂直线条代表标准差；不同小写字母代表处理间差异达到 $P<0.05$
显著水平。

值分布在 N16 及 N20 处理，表明该施氮水平对青贮玉米各生育期土壤蔗糖酶
活性产生了明显的激活效应，且不同施肥量所引起的青贮玉米田土壤蔗糖酶
活性差异并未因季节变化及玉米生育期的影响而改变；在青贮玉米整个生长期各
土层，施入氮肥后各处理蔗糖酶活性均高于对照，说明土壤中氮素含量的增加
一定程度上促进了蔗糖酶活性的增高。0～10cm、10～20cm 土层，苗期、拔
节期最大值分别在 N20、N16 处理，且两个施氮处理间无显著性差异（$P>$
0.05），大喇叭口期及收获期 0～10cm、10～20cm 土层蔗糖酶活性在不同年份

间表现不一，2018 年及 2019 年分别在 N20、N16 处理下达到最大值；2018 年抽雄期 0～10cm 土层 N20 处理蔗糖酶活性最高为 41.54mg/g，较其他处理高出了 0.91%～37.16%，且 N12、N16、N20、N24 处理间无显著性差异（$P>$ 0.05），2018 年 10～20cm 土层及 2019 年 0～10cm、10～20cm 土层蔗糖酶活性均在 N16 处理下达到最大值，分别为 38.92mg/g、59.99mg/g、57.92mg/g。20～40cm 土层，2018—2019 年苗期 N12～N24 处理间蔗糖酶活性均无显著性差异，拔节期及大喇叭口期均为 N20 处理最高，且 N16 与 N20 处理间无显著性差异，抽雄期及收获期 N16 处理蔗糖酶活性最高，2018 年分别为 37.60mg/g、39.76mg/g，2019 年分别为 38.76mg/g、27.00mg/g。综合分析表明，在一定施氮量范围内，增加氮肥施入量可以促进青贮玉米田各土层蔗糖酶活性的增高，而超过该范围后，蔗糖酶活性随施氮量的增加而缓慢降低。

3.3.3 施氮水平对青贮玉米田土壤脲酶活性的影响

不同施氮处理下青贮玉米田各土层脲酶活性随着生育期的推进均呈先增高后降低的变化趋势（图 3-5、图 3-6），在抽雄期达到峰值，这可能是由于抽雄期玉米对养分需求量大并且其根系活动旺盛从而提高了脲酶活性；由于施用氮肥主要集中于耕层，经淋溶渗透进入中下层土壤，各处理脲酶活性随着土壤深度的增加而降低，20～40 cm 土层小于 0～20 cm 土层。对土壤脲酶活性影响因素做主效检验（表 3-1），结果表明，氮肥对脲酶活性的影响达到极显著水平（$P<0.01$），说明氮肥是影响脲酶活性的因素之一；除拔节期及 2019 年收获期不同土层间脲酶活性无显著差异外（$P>0.05$），其他生育时期土层深度均显著性影响脲酶活性（$P<0.05$）。

不同施氮处理间比较发现，各生育时期脲酶活性随着施氮量的增加均呈先增高后降低的变化趋势，由于不施氮肥导致土壤中养分含量少，根系以及微生物对养分的竞争抑制了土壤中脲酶活性，致使 N0 处理各土层脲酶活性均小于其他施氮处理；除 2019 年苗期 20～40 cm 土层最大值在 N12 处理，为 3.00 mg/g，其他生育时期最大值均为 N16 处理，且在大喇叭口期，0～10 cm、10～20 cm 土层 N16 处理脲酶活性显著高于其他施氮处理（$P<0.05$）。说明在该氮肥施用量下，可以更有效地分解土壤中的氮素。苗期 2018 年 0～10 cm、20～40 cm 土层及 2019 年 10～20 cm 土层 N16 处理脲酶活性最高，分别为 3.14 mg/g、3.13 mg/g、3.07 mg/g，显著高于其他施氮处理，苗期其他土层 N12 与 N16 处理间无显著性差异（$P>0.05$）；2018 年拔节期各土层 N12、N16 及 N20 处理脲酶活性高于其他处理，且相互间无显著性差异，2019 年拔节期各土层 N16 处理脲酶活性最高，0～10 cm、10～20 cm、20～40 cm 土层分别较其他

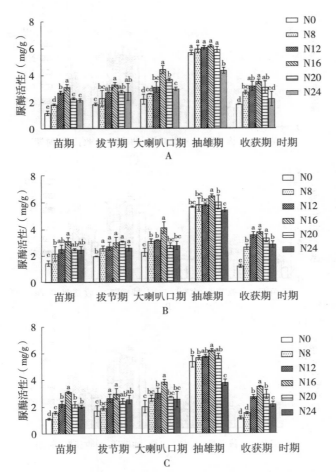

图 3-5　2018 年不同施氮水平下青贮玉米田土壤脲酶活性动态变化

A. 0～10cm　B. 10～20cm　C. 20～40cm

注：垂直线条代表标准差；不同小写字母代表处理间差异达到 $P<$ 0.05 显著水平。

施氮处理高出了 26.08%～41.61%、25.20%～41.50%、5.12%～42.26%；抽雄期 0～10 cm 土层，除 N24 处理外，其他施氮处理间无显著性差异，10～20 cm 土层 N16 处理脲酶活性最高，2018 年、2019 年分别较其他施氮处理高出了 7.87%～19.52% 及 5.66%～18.71%，其中 2018 年 N16 处理显著高于其他施氮处理，2019 年 N12、N16 及 N24 处理间无显著性差异，20～40 cm 土层，2018—2019 年 N12、N16、N20 处理间脲酶活性无显著性差异；收获期，2018 年 20～40 cm 土层脲酶活性大小顺序为 N16＞N20＞N12＞N24＞N8＞N0，其他土层 N16、N20 处理脲酶活性高于其他处理，且相互间无显著

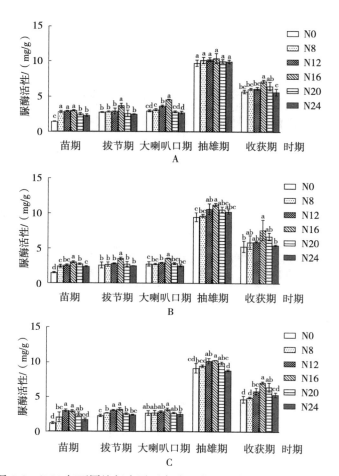

图 3-6　2019 年不同施氮水平下青贮玉米田土壤脲酶活性动态变化

A. 0～10cm　B. 10～20cm　C. 20～40cm

注：垂直线条代表标准差；不同小写字母代表处理间差异达到 $P < 0.05$ 显著水平。

性差异。综合分析表明，在一定施氮量范围内增加氮肥施入量可以促进青贮玉米田各土层脲酶活性的增高，而超过该范围后，脲酶活性随施氮量的增加缓慢降低。

3.3.4　施氮水平对青贮玉米田土壤碱性磷酸酶活性的影响

比较不同施氮处理下各生育时期青贮玉米田土壤碱性磷酸酶活性发现，0～20cm 土层 N12、N16、N20、N24 处理以及 20～40 cm 土层各施氮处理大喇叭口期的碱性磷酸酶活性高于其他生育时期（图 3-7，图 3-8），可能是由于

2018 年大喇叭口期降水量较大，降水后较高的土壤含水量和碱性磷酸酶与底物作用的水分条件相一致，有利于其活性的提高；2019 年各土层收获期碱性磷酸酶活性最高，表明在连续定位施氮条件下，较长的生长期有助于青贮玉米田土壤碱性磷酸酶活性的增高。对土壤碱性磷酸酶活性影响因素做主效应检验（表 3-1），结果发现，2018 年收获期氮肥对碱性磷酸酶活性的影响达到显著水平（$P<0.05$），除收获期外其他生育时期氮肥对碱性磷酸酶活性的影响达到极显著水平（$P<0.01$），表明氮肥是影响碱性磷酸酶活性的因素之一；除收获期及 2019 年大喇叭口期外，其他生育时期土层对碱性磷酸酶活性的影响均达到显著性水平（$P<0.05$）（表 3-1）。

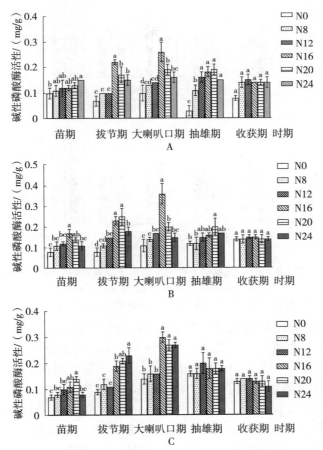

图 3-7　2018 年不同施氮水平下青贮玉米田土壤碱性磷酸酶活性动态变化

A. 0～10cm　B. 10～20cm　C. 20～40cm

注：垂直线条代表标准差；不同小写字母代表处理间差异达到 $P<0.05$ 显著水平。

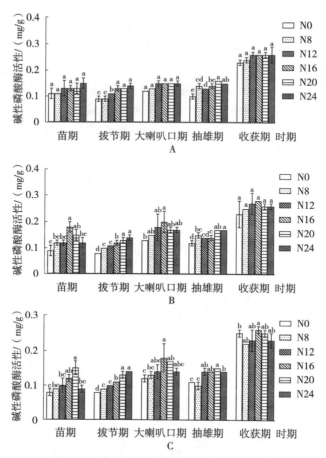

图 3-8 2019 年不同施氮水平下青贮玉米田土壤碱性磷酸酶活性动态变化

A. 0~10cm B. 10~20cm C. 20~40cm

注：垂直线条代表标准差；不同小写字母代表处理间差异达到 $P < 0.05$ 显著水平。

不同施氮处理间比较发现，施加氮肥后的各处理碱性磷酸酶活性在各土层均高于对照，表明土壤中氮素含量的增加，不同程度上促进了碱性磷酸酶活性的增高。在 0~10cm 土层，2018 年、2019 年苗期及 2019 年拔节期碱性磷酸酶活性随着施氮量的增加而增加，且苗期 N8、N12、N16、N20、N24 处理间均无显著性差异（$P > 0.05$）；2018 年从拔节期到抽雄期以及 2019 年抽雄期 0~10cm 土层碱性磷酸酶活性随着施氮量的增加呈先升高后降低的变化趋势，其中拔节期、大喇叭口期最大值为 N16 处理，均显著高于其他施氮处理，抽雄期最大值在 N20 处理，2018 年、2019 年分别为 0.19mg/g、0.16mg/g，2019 年大喇叭口期及 2018—2019 年收获期碱性磷酸酶活性随着施氮量的增加呈先升高后稳定状态，各施氮处理间无显著性差（$P > 0.05$）。

10~20cm 土层，除 2019 年拔节期及抽雄期碱性磷酸酶活性随着施氮量的增加而增加，2018—2019 年其他生育时期碱性磷酸酶活性随着施氮量的增高均呈先增高后降低的变化趋势，最大值分别在 N16、N20 处理，其中 2019 年大喇叭口期 N16 处理碱性磷酸酶活性为 0.20 mg/g，且显著高于其他施氮处理，其他生育时期 N16 及 N20 处理间均无显著性差异。

20~40cm 土层，2018—2019 年碱性磷酸酶活性随着施氮量的增加变化趋势一致，拔节期随着施氮量增高而增加，其他时期碱性磷酸酶活性呈先增高后降低的变化趋势，其中苗期 N20 处理碱性磷酸酶活性最高，2018 年、2019 年分别为 0.14mg/g、0.15mg/g；大喇叭口期 N16 处理碱性磷酸酶活性最高，2018 年、2019 年分别为 0.30mg/g、0.18mg/g，2018 年 20~40cm 抽雄期~收获期各施氮处理间均无显著性差异（$P > 0.05$），2019 年抽雄期碱性磷酸酶活性大小顺序为 N20>N16>N12>N24>N8>N0，收获期除 N16 显著性高于对照外，其他处理间无显著性差异。

综合比较 2018—2019 年 0~40cm 土层碱性磷酸酶活性发现，在收获期，施氮肥各处理间无显著性差异，其他生育时期 N16、N20 及 N24 处理碱性磷酸酶活性始终高于其他低氮处理，说明高氮施入可以增高土壤碱性磷酸酶活性；各生育期碱性磷酸酶活性最大值主要集中在 N16 及 N20 处理，且从大喇叭口期到收获期 N24 处理与 N20 处理间碱性磷酸酶活性无显著性差异，表明在一定施氮量范围内，青贮玉米田土壤碱性磷酸酶活性随着施氮量的增加而增高，当超过该施氮范围后，碱性磷酸酶活性随着施氮量增加无明显变化。

3.3.5 施氮水平对青贮玉米田土壤微生物量碳（MBC）的影响

2018—2019 年各生育时期 MBC 含量变化进行对比（图 3-9，图 3-10），发现 N0 处理 MBC 含量变化趋势为抽雄期>收获期>大喇叭口期>拔节期>苗期；2018 年，N8 处理 10~20cm 土层及 N12、N16、N20、N24 处理各土层 MBC 含量变化趋势为抽雄期>大喇叭口期>拔节期>苗期>收获期；2019 年，N8 处理及 N12 处理的 20~40cm 土层 MBC 含量在生育期变化趋势与 N0 一致，其他施氮处理随着生育期推进抽雄期及大喇叭口期 MBC 含量均高于其他生育时期。2018—2019 年各处理间 MBC 含量随着土壤深度的增加呈先升高后降低的变化趋势，10~20cm 土层 MBC 含量最高，说明耕层土壤 MBC 含量高于深层。对土壤 MBC 含量影响因素做主效检验（表 3-2），结果表明，不同氮肥及土层间各生育时期 MBC 含量均达到极显著水平（$P < 0.01$），表明氮肥

及土壤深度是影响 MBC 的重要因素。

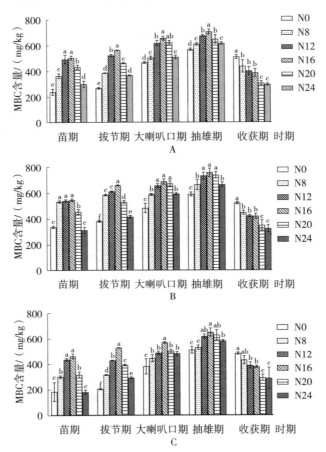

图 3-9   2018 年不同施氮水平下青贮玉米田土壤 MBC 含量动态变化

A. 0～10cm   B. 10～20cm   C. 20～40cm

注：垂直线条代表标准差；不同小写字母代表处理间差异达到 $P<0.05$ 显著水平。

不同施氮处理间比较发现，施氮量对 MBC 含量有显著性影响。苗期～抽雄期及 2019 年收获期各土层 MBC 含量随着施氮量的增加呈先增高后降低的变化趋势，除 2019 年收获期在 N12 处理下达到峰值外，其他生育时期各土层均在 N16 处理下最高。2018 年收获期，由于未施氮处理导致玉米早衰，土壤中有机质的增加导致土壤 MBC 含量增高，N0 处理各土层 MBC 含量均高于其他施氮处理，0～10cm、10～20cm、20～40cm 土层 N0 处理 MBC 含量分别为514.80 mg/g、525.36 mg/g、488.40 mg/g；苗期到抽雄期，10～20cm 耕层土层，除 2018 年拔节期及 2019 年抽雄期，N16 处理显著高于其他施氮处理外（$P<0.05$），其他生育时期 N12 及 N16 处理 MBC 含量最高，且两者间无显著

性差异（$P>0.05$）。综合比较各土层不同施氮处理下 MBC 含量发现，从苗期到抽雄期，除 2018 年苗期外，其他生育时期 N16 处理均显著高于其他施氮处理（$P<0.05$），2018 年、2019 年收获期各土层 MBC 含量大小顺序分别为 N0＞N8＞N12＞N16＞N20＞N24 和 N12＞N16＞N8＞N20＞N24＞N0。

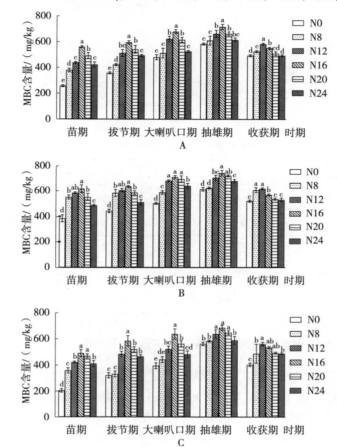

图 3-10　2019 年不同施氮水平下青贮玉米田土壤 MBC 含量动态变化

A. 0～10cm　B. 10～20cm　C. 20～40cm

注：垂直线条代表标准差；不同小写字母代表处理间差异达到 $P<0.05$ 显著水平。

综合分析上述结果，两年的试验中，MBC 含量随着生育期的推进均呈先增高后降低的变化趋势，抽雄期达到最大值，且在青贮玉米生长期，10～20cm 耕层土层 MBC 含量最高，呈 20～40cm＜0～10cm＜10～20cm 的变化趋势；各土层随着施氮量的增加，除 2018 年收获期 MBC 含量逐渐降低外，其他时期均呈先增高后降低的变化趋势，最大值集中在 N12 及 N16 处理，因此，在一定施氮范围内，MBC 含量随施氮量的增多而增高，超过该范围，继续增施氮肥，MBC 含量随之降低。

表 3-2 土壤微生物量主效应因素分析

项目	因素显著性		苗期	拔节期	大喇叭口期	抽雄期	收获期
MBC	2018 年	土层	**	**	**	**	**
		氮肥	**	**	**	**	**
		土层×氮肥	**	**	ns	ns	ns
	2019 年	土层	**	**	**	**	**
		氮肥	**	**	**	**	**
		土层×氮肥	**	**	ns	ns	ns
MBN	2018 年	土层	**	**	**	**	**
		氮肥	**	**	**	**	**
		土层×氮肥	ns	**	**	**	**
	2019 年	土层	**	**	**	**	**
		氮肥	**	**	*	**	**
		土层×氮肥	ns	ns	ns	**	ns

3.3.6 施氮水平对青贮玉米田土壤微生物量氮（MBN）的影响

各施氮处理随生育期的推进 MBN 含量变化不同。微生物对环境变化非常敏感，不施氮肥处理导致玉米叶片过早凋落从而使得土壤中有机质增加，致使 N0 处理在收获期 MBN 含量最高；随着作物的生长，青贮玉米对土壤中氮的需求逐渐加大，土壤中的有效态氮已被作物大量消耗或损失，N8、N12、N16、N20 及 N24 处理随着生育期的推进 MBN 含量均呈先增加后缓慢降低的变化趋势，其中 2019 年 N12 及 N16 处理在大喇叭口达到峰值，其他处理均在抽雄期 MBN 含量最高（图 3-11，图 3-12）。在青贮玉米整个生长期，各处理在 20~40cm 土层 MBN 含量均低于 0~10cm 及 10~20cm 土层，其中大喇叭口期至收获期随着土壤深度的增加呈先升高后降低的"钟"状变化趋势，10~20cm 土层 MBN 含量最高，表明微生物量氮从耕层到深层土壤有明显的递减趋势。对土壤 MBN 含量影响因素做主效检验（表 3-2），结果表明，不同氮肥施入量及土层深度对各生育时期 MBN 含量的影响均达到极显著水平（$P <$ 0.01）。2018 年收获期、2019 年拔节期及抽雄期，氮肥与土层深度的交互作用

对 MBN 含量的影响达到极显著水平（$P<0.01$），表明 MBN 含量并非受单一因素的影响。

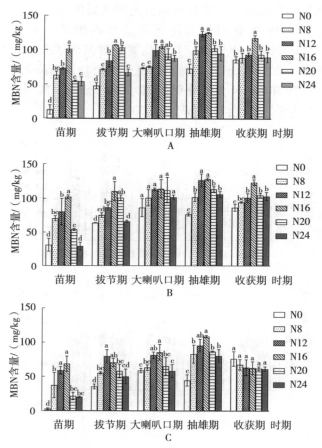

图 3-11　2018 年不同施氮水平下青贮玉米田土壤 MBN 含量动态变化
A. 0～10cm　　B. 10～20cm　　C. 20～40cm
注：垂直线条代表标准差；不同小写字母代表处理间差异达到 $P<0.05$ 显著水平。

　　不同施氮处理间比较发现，与对照相比，施加氮肥后的各处理均不同程度地增加了 MBN 含量，表明土壤中施入氮肥可加大微生物对氮的固持，但是 MBN 含量并非始终随着施氮量的增加而增高。2018—2019 年从苗期至大喇叭口期及 2018 年抽雄期，各土层 MBN 含量随着施氮量的增加呈先增高后降低的变化趋势，除 2018 年拔节期 20～40cm 土层 MBN 含量在 N12 处理下最高外，其他时期各土层均在 N16 处理下达到峰值；2019 年抽雄期 MBN 含量在 0～10cm、10～20cm 随着施氮量的增高而增高，N24 处理显著高于 N0～N16

处理（$P<0.05$），$0\sim10cm$、$10\sim20cm$ 土层 N24 处理 MBN 含量分别为 127.07mg/g、163.94mg/g；收获期各土层间变化不一，在 $0\sim10cm$ 及 $10\sim20cm$ 土层 MBN 含量随着施氮量的增加呈先增高后降低的变化趋势，在 N16 处理达到峰值，2018 年分别较其他施氮处理高出了 $0.85\%\sim37.43\%$ 及 $17.54\%\sim43.24\%$，2019 年分别较其他施氮处理高出了 $0.91\%\sim50.90\%$ 及 $0.73\%\sim34.63\%$，$20\sim40cm$ 土层随着施氮量的增加逐渐降低，N0 处理下最高，2018 年、2019 年 MBN 含量分别为 76.30mg/g、68.22 mg/g，且除 N24 外其他施氮处理间无显著性差异（$P>0.05$）。

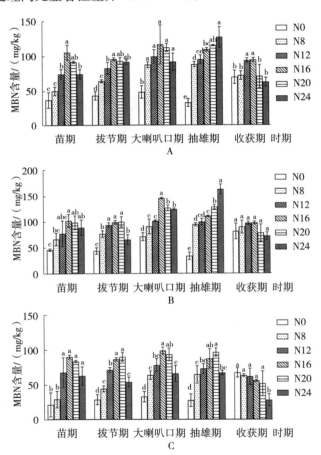

图 3-12　2019 年不同施氮水平下青贮玉米田土壤 MBN 含量动态变化

A. $0\sim10cm$　B. $10\sim20cm$　C. $20\sim40cm$

注：垂直线条代表标准差；不同小写字母代表处理间差异达到 $P<0.05$ 显著水平。

综合分析上述结果，在两年的试验中，MBN 含量在施入氮肥后的各处理峰值主要集中于抽雄期，且在青贮玉米生长中后期，由于 10～20cm 耕层土层根系分布紧密，供给微生物的能源物质也较多，MBN 含量最高；各土层随着施氮量的增加除收获期 20～40cm 土层逐渐降低外，其他时期 N12、N16、N20 及 N24 高氮处理 MBN 含量均高于 N0 及 N8 低氮处理，表明土壤含氮量高可加大微生物对氮的固持，除 2019 年抽雄期及收获期 20～40cm 土层外，其他育时期 MBN 含量均在 N16 处理达到最大值，而并非随着施氮量的增加而增高，表明在该氮肥施用水平下，微生物对氮素固持结束，转向氮释放阶段。

3.3.7　施用氮肥、土壤微生物量碳氮含量和酶活性的相关性

青贮玉米田氮肥用量、土壤微生物量碳氮含量和酶活性之间的相关系数如表 3-3 所示。统计可知，除过氧化氢酶外，其他酶活性及微生物碳氮含量间均有显著性的正相关关系，表明土壤酶活性及微生物量间具有紧密的联系。其中，蔗糖酶及脲酶活性与其他指标间均有显著的相关性，相关性系数在 −0.28～0.75，表明蔗糖酶及脲酶活性在反映土壤肥力水平方面具有较高的灵敏性。氮肥用量与各项土壤酶、微生物量碳氮含量间均呈正相关，表明增加氮肥的施入量一定程度上可以增高土壤肥力，其中与蔗糖酶、碱性磷酸酶以及 MBN 间相关性显著，相关系数分别为 0.43、0.38 及 0.42。与蔗糖酶活性相关性最高的是 MBC 及 MBN 含量，相关性系数均为 0.56；与脲酶及碱性磷酸酶活性相关性最高的是 MBC 含量，相关性系数分别为 0.65、0.43。此外，MBC 及 MBN 含量间相关性系数最高为 0.75，表明微生物量碳与微生物量氮间有非常好的一致性。

表 3-3　氮肥用量、土壤微生物量碳氮含量和酶活性之间相关系数

项目	氮肥	过氧化氢酶活性	蔗糖酶活性	脲酶活性	碱性磷酸酶活性	MBC	MBN
氮肥	1						
过氧化氢酶活性	0.04	1					
蔗糖酶活性	0.43**	0.44**	1				
脲酶活性	0.08	−0.28*	0.52**	1			
碱性磷酸酶活性	0.38**	0.06	0.32**	0.29*	1		
MBC 含量	0.22	−0.02	0.56**	0.65**	0.43**	1	
MBN 含量	0.42**	0.07	0.56**	0.32*	0.37**	0.75**	1

注：**、* 分别表示在 0.01、0.05 水平差异显著。

3.4 讨论

3.4.1 青贮玉米田土壤酶活性、微生物量的时空变化特征

本研究发现，土壤 MBC 及 MBN 含量最大值均集中在青贮玉米生长最旺盛的抽雄期，土壤过氧化氢酶、蔗糖酶及脲酶活性随玉米生长总体呈先升高后降低的趋势。郑斯尹等[98]对不同施氮量下土壤酶活性及微生物量进行测定，也得出了同样的变化特征。这可能是由于青贮玉米生长过程中根系增多，并且根系分泌物也逐渐增加，促进了根系周边土壤微生物的生长[99]。而土壤酶是由土壤微生物产生的一类具有催化作用的蛋白质，因此根系周边土壤微生物的生长增加了诸酶活性。此外，权基哲[100]研究也发现，土壤中微生物碳、氮含量在抽穗期最高，拔节期最低，乳熟期有所下降，成熟期又逐渐上升，并且裸地由于缺乏必要的碳元素，在相同的施氮量下微生物量含量始终低于玉米种植田。本研究发现，收获期除碱性磷酸酶外，其他酶活性以及微生物量含量低于抽雄期，这与冯朋博[101]研究结果一致，青贮玉米收获期一般在玉米灌浆中期[102]，此时青贮玉米生物量仍然在增加，根系及微生物对养分的竞争导致青贮玉米收获期土壤中酶活性和微生物量降低[103]。N0 处理 MBN 含量在收获期最高，收获期 MBC 含量也高于除抽雄期外的其他生育时期，且 0～10cm 表层土壤及 10～20cm 耕层土壤 MBN 含量分别比 20～40cm 土层高出了 5.13%～18.18% 及 7.04%～22.34%，这可能是由于不施入氮肥导致玉米早衰，叶片、叶鞘等器官脱落为微生物提高了新的碳源，从而增加了微生物量。

不同施肥处理下青贮玉米各土层间土壤酶活性及 MBC、MBN 含量变化显著。本研究发现，20～40cm 土层 MBC 和 MBN 含量小于 0～20cm 土层。Brevik 等[104]研究认为，随着土层深度的增加，土壤孔隙度变小，含氧量降低，不利于微生物呼吸，导致土壤微生物量减少，此外，王娟[105]研究也发现，土壤中有机质含量随着土层深度的增加逐渐降低，微生物量是土壤中有机质的一种短暂而最有效的贮存形式[22]，有机质含量直接影响土壤酶活性及微生物量变化[103]。青贮玉米整个生长期 MBC 含量在 10～20cm 土层最高，从大喇叭口期到收获期 MBN 含量在 10～20cm 土层最高，这可能是由于耕层玉米根系分布较密，根系分泌物也较多，从而增加了微生物量含量[106]。在本研究中，脲酶活性 20～40cm 土层小于 0～20cm 土层，该结果与高慧民等[107]研究结果一致，土壤酶的活性随着土壤剖面深度的增加而降低，其在剖面上的分布与微生物的分布一致。此外，本研究结果显示，除脲酶外的其他土壤酶活性并非在所有生育时期都随着土层深度的增加而降低，这可能是与各地区土质、环境或者作物栽培过程中采取的措施等有关，也有可能是与微生物和土壤酶对不

同农田生态系统的反应有关。

3.4.2　青贮玉米田土壤酶活性及微生物量对氮肥施入的响应

本研究表明，施用氮肥对诸酶活性及 MBC、MBN 含量的影响均达到显著水平，这与前人研究结果一致。刘恩科等[108]、卢艺等[109]就氮肥添加对土壤酶活性及微生物量的影响进行了研究，发现不同氮处理间土壤酶活性及微生物量碳、氮含量存在一定的差异。本研究还发现，相比未施氮肥的对照，施入氮肥后不同程度增加了蔗糖酶、脲酶、碱性磷酸酶活性以及 MBC、MBN 含量，这是由于施入氮肥增加了土壤氮素的含量，土壤营养环境的改变会引起土壤酶活性及微生物的变化[110,111]。刘恩科[108]研究也认为与不施肥相比，施入氮肥可以增加作物产量，改善土壤环境，从而有利于土壤有机质的降解和微生物量的增加。

本研究中除收获期 MBN 含量随着施氮量的增加而降低外，其他生育时期，在一定施氮量范围内青贮玉米田各土层土壤酶活性、MBC 和 MBN 含量随着施氮量的增加而增高，而超过该范围后，各指标量值则随施氮量的增加缓慢降低。施入氮肥改变了土壤有机质组成及含量[111]，而微生物量与土壤有机质含量显著相关，可以用来反映土壤中有机质含量[112]。符鲜[20]研究认为与不施氮相比，施入氮肥明显增加了玉米田有机质含量，且随着施氮量的增加，有机质含量先增高后降低。郭天财等[110]研究发现，在同一生育时期，土壤微生物量随着施氮水平的增高而增多，但达到一定施氮水平后，微生物量反而呈降低的趋势，适量施用氮肥能够有效地调节根际微生物活性[106]，提高作物根系微生物数量，当氮肥用量超过临界值后又会抑制微生物的增殖[22]。此外，有研究发现，氮肥是影响微生物量的主导因素，低氮对微生物量的负效应低于高氮，即氮肥对微生物量的负效应随着施氮量的增加而增加[33]。本研究中 N16处理 MBC 和 MBN 含量最高，各种酶活性最大值主要集中在 N12、N16 及 N20 处理，而过量氮肥的施用对于土壤微生物及酶活性有抑制作用，这与郑斯尹[98]等研究结果一致，配施氮肥 $10g/m^2$ 时，土壤中酶活性及微生物量最高，而过量的氮肥施用则降低了各项指标。这是由于适宜的施氮水平为微生物提供了充足的养分，同时促进了根系的生长发育，使得根系分泌物增加，为微生物的繁衍提供了充足的碳源，从而增加了土壤微生物数量。

3.4.3　青贮玉米田土壤酶活性与微生物量间的相互关系

微生物量碳、氮含量与土壤酶活性之间具有紧密的相关关系[113]。土壤酶是由土壤微生物产生的一类具有催化作用的蛋白质，其活性大小可用来表征各种生物化学过程的强度及方向[98]，也可以作为敏感指标来表征土壤肥力以及土壤质量的变化。土壤微生物量是土壤养分的源和库，是土壤肥力水平的活指标[104]。本研究中，除过氧化氢酶外，其他土壤酶活性及微生物量间均存在显著的正相关关系，这主要是因为土壤微生物量表征着土壤微生物的活性[112]，而土壤酶是微生物及植物根系的活性产物，因此土壤微生物量和酶活性之间存在着密切的正相关关系。这与赵军[113]研究结果一致。此外，本研究发现，脲酶、蔗糖酶及碱性磷酸酶之间均具有紧密的联系，这可能是由于这三种酶之间存在互相刺激机制，当其中任意一种酶与底物结合后，会释放出一种或多种信息物质，从而激活其他相关酶的活性[114]。本研究表明脲酶以及蔗糖酶活性在反映土壤肥力水平方面具有较高的灵敏性，可以用来衡量土壤的肥力水平[115]。

3.5　小结

（1）青贮玉米田土壤酶活性、微生物量在不同生育期与土层空间上存在显著差异。过氧化氢酶、蔗糖酶、碱性磷酸酶、脲酶活性及 MBC、MBN 含量，随着生育期的推进总体呈先增加后降低的变化趋势，最大值分布在大喇叭口期至抽雄期；各酶活性与微生物量指标在土层空间上的表现不一，相比 0～20cm 土层，较深的土层增加了过氧化氢酶活性的同时降低了脲酶活性及 MBC、MBN 含量。

（2）施入氮肥不同程度地增加了过氧化氢酶、蔗糖酶、碱性磷酸酶、脲酶活性及微生物含量，且酶活性及微生物量的峰值主要集中在 N12～N20 施肥量。蔗糖酶、碱性磷酸酶、脲酶活性及 MBC、MBN 含量之间显著的正相关，有效促进了土壤中氮素的分解、土壤腐殖质的合成及微生物对碳和氮的固持。相关性分析表明，微生物量碳、氮含量与土壤酶活性之间具有紧密的相关关系。

第四章　不同施氮水平对青贮玉米根系空间微生物的影响

在土壤-植物生态系统中，土壤微生物群落的变化是影响土壤和环境中养分有效性和植物产量的主要因素之一[4]。有学者发现，微生物多样性对植物生长发育、增强养分有效供给以及保护植物不受病原菌侵害有积极作用[116,117]。土壤中的微生物十分丰富，植物类型、气候条件、土壤类型、营养物质、空间结构等因素，均会影响微生物的时空分布及其丰度变化[36,118]。施肥对微生物群落组成具有显著影响，施肥可以改变微生物对逆境的耐受程度，从而影响微生物群落的组成，同时微生物群落组成的变化也是氮肥施入后氮素分解的驱动因素。施氮量的增加会降低土壤中大量细菌的丰度和真菌多样性，并增加根际细菌的多样性，因此，了解不同施氮水平下微生物群落在非根际、根际土壤以及根内不同空间结构的分布具有一定的研究意义。

4.1　材料与方法

4.1.1　土壤样本及根系取样

在 2018 年 8 月的玉米灌浆期，采集非根际（S）、根际（R）以及根内（E）3 种不同根系空间位置的土壤及根系样品。在 6 个施氮处理（N0、N8、N12、N16、N20、N24）的 3 个不同根系空间共采集 72 个样品，每个处理小区采用 5 点取样法取样，将 3 个重复小区的样本充分混合后，分成 4 个重复样本。

在取样前，采用高压灭菌锅将所有取样工具进行灭菌。取样时选择玉米长势均匀且位置在两株玉米行中间的地段，去除 0～5cm 以上的表层浮土，将直径 5cm 的聚氯乙烯管打入土壤 5～20cm 深处，收集各处理的混合土样，移出土壤中可见的粗根、石块和土壤动物，再将土壤过筛（2mm）作为非根际土样，将每个处理的非根际土样分成两部分。第一部分在 35℃ 以下风干，干燥后的土壤装入装有干燥剂的密封塑料袋中，以最大限度减少运输过程中的湿度变化，以便进行化学分析。第二份保存在无菌离心管中，然后用液氮快速冷冻后，放入超低温冰箱中在 −80℃ 保存，用于 16S rRNA 及 ITS 测序。

在最接近土壤样本取样处，使用铁铲挖出 0～20cm 土层的玉米根系，摇动根部，把松散的土壤移除，放置于冰上，装入箱中带回实验室。然后使用无菌刷均匀收集残积在根表 1mm 以内的土壤，将土壤样本过筛（2mm）作为根际土壤样品[119]。将 5～10g 土样存储在一个无菌的离心管中，用液氮快速冷冻后，放入超低温冰箱中在－80℃保存，用于 16S rRNA 及 ITS 测序。其余青贮玉米根系彻底用自来水洗净，均匀剪断玉米根系的不同部位，然后使用超声波清洗仪用 PBS 超声振动 3min[120]，最后将混合均匀的根系样品用液氮快速冷冻后，放入超低温冰箱中在－80℃保存，用于 16S rRNA 及 ITS 测序。

4.1.2 土壤理化性状及酶活性测定方法

土壤样品采用《土壤农业化学分析方法》[96]中规定的标准土壤试验方法测定。pH 采用电位法测定。有机质（OM）含量采用重铬酸钾氧化容量法测定。总氮含量（TN）采用开氏消煮法测定。碱解氮（AN）含量采用碱解扩散法测定。总磷（TP）采用酸溶-钼锑抗比色法测定。用 NH_4F-HCl 溶液提取速效磷（AP），然后用紫外-可见分光光度计测定。全钾（TK）采用氢氧化钠熔融法测定。速效钾（AK）采用乙酸铵提取法测定[121]。总碳（TC）含量采用 muti N/C 2100 碳氮分析仪测定。

土壤酶活性测定方法同 3.1.1～3.1.5。

4.1.3 DNA 提取、PCR 扩增及高通量测序

使用 E. Z. N. A.® 土壤试剂盒（Omega bio-tek，Norcross，GA，USA）进行总 DNA 提取。用 NanoDrop 2000 分光光度计测定提取的 DNA 的浓度和纯度，用 1% 琼脂糖凝胶电泳测定 DNA 的质量。使用 16S rRNA 和 ITS 扩增子测序来确定青贮玉米田的非根际土壤、根际土壤中和根内细菌和真菌的群落组成和多样性。两种常用的引物组分别用于针对细菌 16S rRNA[124] 和真菌 ITS[125] 基因的微生物群落的扩增。$20\mu L$ PCR 扩增系统由 $4\mu L$ $5\times$ FastPfu 缓冲液，$2\mu L$ 2.5 mm dNTP，$0.8\mu L$ 引物（$5\mu mol/L$），$0.4\mu L$ FastPfu 聚合酶和 10ng DNA 模板组成。琼脂糖凝胶用于纯化和回收 PCR 产物。使用 QuantiFluor™-ST（美国 Promega）进行定量分析，并使用 Illumina 的 Miseq PE 300平台（Majorbio Bio-Pharm 技有限公司，上海，中国）进行测序。

引物信息及 PCR 扩增方法见表 4-1。

4.1.4 生物信息学分析

原始序列由 Trimmomatic 软件进行质控，原始序列按条形码重新分配，由 Mothur 1.32.2 软件进行裁剪[126]，由 FLASH 软件进行拼接，使用 UPARSE

表 4-1　引物信息及 PCR 扩增方法

项目	PCR 扩增	引物	引物序列 (5′— 3′)	序列片段	序列长度 / bp	PCR 反应过程
细菌	第一轮	799F	5′-AACMGGATTA GATACCCKG-3′	V3-V4	800	在 95℃下预变性 3 min，然后在 95℃下延伸 27 个循环变性 30s，在 55℃下退火 30s，在 72℃下延伸 45s，最后一步是在 72℃继续延伸 10 min[122]
		1392R	5′-ACGGGCGG TGTGTRC-3′			
	第二轮	799F	5′-AACMGGATTA GATACCCKG-3′	V5-V7	300	
		1392R	5′-ACGGGCGG TGTGTRC-3′			
真菌		ITS1F	5′-CTTGGTHPATT AGAGGAAGTAA-3′	ITS1	300	在 95℃下预变性 3 min，然后在 95℃下延伸 35 个循环变性 30s，在 55℃下退火 30s，在 72℃下延伸 45s，最后一步是在 72℃继续延伸 10 min[123]
		ITS2R	5′-GCTGCGTTCT THPACGATGC-3′			

软件按照 97% 的相似度（相当于 0.03 距离限制）进行 OTU 聚类[127]。使用 UCHIME 软件去除嵌合体。使用 RDP 分类器对每个序列注释物种分类（门，纲，目，科，属）。与 Silva 数据库（SSU123）匹配后，设置相对阈值为 70%[128]，基于 OTU 水平计算细菌和真菌群落 Alpha 多样性指数（Sobs 及 Shannon 指数）。

4.2　数据处理与分析方法

数据以均数±标准误差（S. E. M）表示，使用 Excel 和 IBM Spss Statistics 19.0 软件（Spss Inc.，Armonk，NY，NY）进行统计学分析，并进行单因素方差分析（ANOVA）和线性混合模型（LMM）分析。将微生物组数据输入为矩阵，采用变异数多元方差分析（PERMANOVA）来评估影响 Beta 多样性因素的显著性，并根据未加权 Unifrac 距离和 Bray-Curtis 距离计算。采用 LSD 对不同施氮处理间的显著性差异进行多重比较，LDA 分析阈值为 2.0。LEfSe 分析用于检测多个分类学水平的潜在生物标志物。热图用于评估微生物与环境变量之间的相关性，在热图分析之前采用方差膨胀因子筛选环境因子，阈值为 10.0。测序数据在 Majorbio i-sanger 云平台（www.isanger.com）进行在线分析。

使用 Cytoscape（version3.5.1）进行非随机共线性分析。通过使用 Cytoscape 中的 CoNet 插件进行网络分析。Cytoscape 分析了不同根系空间丰度在前 30 的微生物之间（科水平）的相互联系。在网络构建之前先进行数据过滤，以避免可能导致虚假相关的零值。为了探索所有微生物间的相关性，计算了 Spearman 相关性。相对绝对值设为 0.6，$P < 0.05$。所得的相关性被导入 Gephi 平台，然后使用 Frucherman Reingold 算法可视化。使用 Cytoscape 中的插件计算网络连接点、传递性以及网络密度等其他拓扑指数。

采用结构方程模型（SEM）评价根系不同空间结构微生物多样性、氮肥、土壤酶活性之间的关系[129]。分别对 N0（对照）、N8、N12、N16、N20 和 N24 处理分配值 0、8、12、16、20、24 来创建氮添加（N）变量。细菌及真菌群落的 Alpha 多样性使用 Shannon 指数来赋值。将这些变量插入 AMOS 17.0（SPSS，美国伊利诺伊州芝加哥）进行 SEM 构造和分析。通过低卡方（X^2）、非显著概率水平（$P > 0.05$）和均方根近似误差（RMSEA < 0.05）来确定模型是否拟合。

4.3 试验结果

4.3.1 施氮水平对土壤理化性质及酶活性的影响

不同施氮水平下，青贮玉米田的土壤理化性状以及酶活性间存在显著差异（表 4-2）。对比不同施氮处理对抽雄期青贮玉米田土壤酶活性（表 4-3）表明，UA 及 APA 含量随着施氮水平的增加呈现先增高后降低的变化趋势，最大值分别在 N12 及 N16 处理，分别为 3.68mg/g、0.17mg/g，分别比其他施氮处理高出了 9.85%～64.29%、6.25%～54.55%。施入氮肥 IA 含量均高于对照，且呈现先降低后升高的变化趋势，最大值为 N24 处理；N24 处理 HPA 含量最高，为 43.47mL/g，与 N12 及 N16 处理间无显著性差异（$P > 0.05$）。

表 4-2　氮肥对土壤理化性状和酶活性影响的方差分析

项目	F	P	项目	F	P
pH	6.20	<0.01	SOC	14.73	<0.01
TP	37.71	<0.01	OM	14.73	<0.01
TC	17.69	<0.01	TK	17.88	<0.01

(续)

项目	F	P	项目	F	P
HPA	3.81	0.03	AK	1 369.76	<0.01
APA	4.20	0.01	TN	5.45	<0.01
IA	10.26	<0.01	AN	7.03	<0.01
UA	22.66	<0.01	AP	42.85	<0.01

注：TP 表示总磷含量；TC 表示总碳含量；HPA 表示过氧化氢酶活性；APA 表示碱性磷酸酶活性；IA 表示蔗糖酶活性；UA 表示脲酶活性；SOC 表示有机碳含量；OM 表示有机质含量；TK 表示总钾的含量；AK 表示速效钾含量；TN 表示总氮含量；AN 表示碱解氮含量；AP 表示速效磷含量。

表 4-3　不同施氮处理对抽雄期青贮玉米田土壤酶活性的影响

项目	N0（对照）	N8	N12	N16	N20	N24
HPA/（mL/g）	42.81±0.32bc	42.64±0.29c	42.99±0.18abc	43.23±0.1ab	42.88±0.6bc	43.47±0.22a
APA/（mg/g）	0.11±0.00b	0.15±0.01a	0.16±0.01a	0.17±0.05a	0.15±0.02a	0.15±0.01a
IA/（mg/g）	52.94±0.1b	64.78±0.91a	57.73±3.93b	55.43±4.61b	63.68±4.3a	67.86±5.01a
UA/（mg/g）	3.35±0.2ab	3.19±0.07b	3.68±0.16a	2.69±0.4c	2.44±0.24cd	2.24±0.09d

注：采用单因素方差分析（One-way ANOVA）检验各处理间的差异显著性，只有处理间显著性差异用字母标记，单因素方差分析采用 posthoc 检验。下同。

通过对土壤理化性状分析（表 4-4），结果显示，本试验田土壤呈碱性，处理之间 pH 在 8.89~9.05，N8 处理的 pH 最低，为 8.89。施入氮肥后，各处理土壤 AP、TC、TK、TN 和 AN 含量均高于对照。除 N20 和 N24 处理外，其他施氮处理 TP 和 AK 含量均高于对照。TP 和 AN 含量随施氮量的增加呈先升高后降低的趋势，N16 处理含量最高，TP 及 AN 分别比其他施氮处理高出了 31.25%~164.27%、30.01%~73.34%。土壤 SOC、OM 含量均以 N24 处理最高，分别为 9.43g/kg、16.32g/kg。AK 含量在不同施氮水平间均有显著差异（$P<0.05$），其中 N12 处理最高为 82.75mg/kg。AP、TC 含量随施氮量的增加而降低，N8 处理最高，分别为 18.27mg/kg、24.50g/kg，其中 N8 处理 TC 含量显著高于其他处理。

表 4-4　不同施氮处理对抽雄期青贮玉米田土壤理化性状的影响

项目	N0（对照）	N8	N12	N16	N20	N24
pH	8.99±0.03ab	8.89±0.01c	8.93±0.05bc	8.96±0.03b	9.05±0.03a	8.98±0.05b
TP/（g/kg）	0.45±0.02c	0.49±0.02bc	0.53±0.06b	0.69±0.01a	0.35±0.06d	0.26±0.02e
AP/（mg/kg）	1.23±0.20c	18.27±3.66a	16.91±1.63a	11.64±0.62b	4.33±1.77c	4.14±1.50c
TC/（g/kg）	19.76±0.35d	24.50±0.88a	22.46±0.32b	22.42±0.72b	21.37±0.83bc	21.22±0.61c

（续）

项目	N0（对照）	N8	N12	N16	N20	N24
SOC/（g/kg）	8.58±0.76b	8.80±0.23b	8.80±0.27b	9.33±0.13a	7.86±0.27c	9.43±0.13a
OM/（g/kg）	14.78±0.92b	15.17±0.28b	15.17±0.32b	16.09±0.16a	13.56±0.33c	16.32±0.16a
TK/（g/kg）	0.23±0.00d	0.25±0.01c	0.26±0.00bc	0.27±0.01ab	0.26±0.00ab	0.27±0.01a
AK/（mg/kg）	34.96±1.28d	66.91±1.45b	82.75±1.19a	37.04±1.02c	15.09±1.45f	26.06±0.45e
TN/（g/kg）	0.13±0.00c	0.14±0.00bc	0.14±0.00bc	0.15±0.00ab	0.15±0.01ab	0.16±0.01a
AN/（mg/kg）	35.00±4.95b	37.00±7.56b	39.67±12.46ab	60.67±2.86a	46.67±2.86b	35.01±0.00b

4.3.2　Alpha多样性

使用16S rRNA和ITS扩增子测序技术，对6个不同的施氮处理下青贮玉米田的非根际土壤、根际土壤和根内细菌及真菌进行了测序。在本研究中，序列提取优化（97％）之后，在所有样本中共获得了1 228 715个原始细菌序列和2 848 725个原始真菌序列，将342 792个序列（整个样本中最少的序列）聚类为2 779个细菌OUT，2 539 224个序列聚类成3 634个真菌OTU，平均长度分别为395.62bp和250.13bp。所有样品的稀疏度曲线已达到平稳状态（图4-1），表明测序深度足够，每个样品的数据均合理。

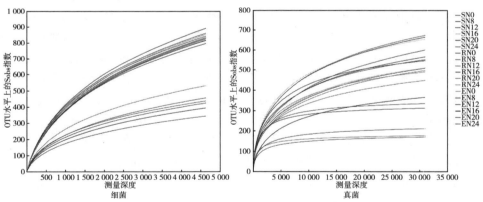

图4-1　不同施氮处理下青贮玉米田根系不同空间结构细菌及真菌多样性稀释曲线
注：S、R、E分别代表取样位置为非根际土壤、根际土壤、根内，下同。

细菌和真菌的Alpha多样性（Sobs指数）在不同的根系空间结构呈现出非根际土壤＞根际土壤＞根内的变化趋势，表明青贮玉米田的土壤微生物群落丰度在非根际土壤更高，且从非根际土壤到根际土壤再到根内，丰度越低（图4-2）。

在非根际土壤中，N16、N20及N24处理的细菌和真菌群落的丰度均高于对照（N0），细菌和真菌群落中丰度最高的处理分别为N20和N24处理（图4-2A，图4-2D），较其他施氮处理分别高出了5.92％～11.91％、1.39％～

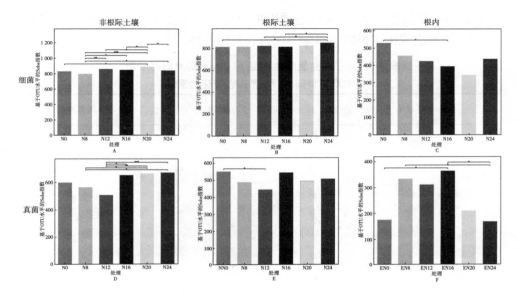

图 4-2　不同施氮处理下青贮玉米根系空间细菌及真菌 Alpha 多样性（Sobs 指数）变化

注：细菌（A～C）及真菌（D～F）分别代表不同施氮水平下青贮玉米田非根际土壤、根际土壤和根内两组样品之间的 Alpha 多样性（Sobs）的显著差异，两组有显著差异的进行标记（0.01<P< 0.05 使用 * 标记，0.001 <P<0.01 或更小的使用**标记，P≤0.001 被标记为***）。

32.32%，其中真菌群落的丰度随着施氮水平的提高呈先降低后升高的变化趋势（图 4-2D）。在根际土壤中，施入氮肥与对照相比，增加了细菌群落的丰度，同时降低了真菌群落的丰度，细菌群落的丰度在 N24 处理时最高为 852，N12 处理的真菌群落的丰度最低为 446，其他施氮处理之间无显著差异（P> 0.05）（图 4-2B，图 4-2E），表明施入氮肥促进了根际土壤细菌群落的增多，抑制了真菌群落。相比 N0，施入氮肥对于根内细菌群落丰度有抑制作用，且随着施氮水平的增加呈现先降低后增高的变化趋势；除 N24 外，其余施氮处理根内真菌群落丰度均高于对照，且 N16 处理显著高于对照及 N24 处理（P<0.05）（图 4-2C，图 4-2F）。

细菌和真菌的 Alpha 多样性（Shannon 指数）结果表明，不同施氮水平对非根际土壤细菌、真菌以及根内真菌 Alpha 多样性（Shannon 指数）的影响达到极显著水平（P<0.01），此外不同空间结构间细菌和真菌群落 Shannon 指数也存在显著差异（P<0.01）；氮肥×空间结构交互作用对真菌群落多样性的影响显著（P<0.01）（表 4-5）。不同施氮处理下，细菌 Alpha 多样性（Shannon 指数）均呈非根际>根际>根内的变化趋势（图 4-3），表明在非根际土壤中，微生物群落更加丰富。不同施氮处理下，真菌群落多样性在根系空间结构呈现出不同的变化趋势，N0 和 N12 处理 Shannon 指数呈根际>根内>

非根际的变化趋势；N8 和 N16 处理表现为根际＞非根际＞根内的趋势；N20 和 N24 处理表现出非根际＞根际＞根内的变化趋势。

表 4-5　基于单变量线性模型（ULM）的氮肥对细菌
和真菌群落 Alpha 多样性变化的影响

项目		细菌群落	真菌群落
非根际土壤	P	＜0.01	＜0.01
	F	9.31	7.72
根际土壤	P	0.11	0.15
	F	2.09	1.83
根内	P	0.77	＜0.01
	F	0.51	4.59
氮肥	P	0.86	0.52
	F	0.38	0.86
空间结构	P	＜0.01	＜0.01
	F	36.08	25.63
氮肥×空间结构	P	0.81	＜0.01
	F	0.60	5.31

注：F 是用来检验处理的统计量，P 是经过计算得到的检验统计量 F 的置信区间。

图 4-3D、图 4-3H 显示了不同施氮处理对青贮玉米根系各空间结构微生物群落多样性的影响。与对照相比，施入氮肥降低了根系空间细菌群落 Shannon 指数，增加了真菌群落 Shannon 指数，且各施氮处理间微生物群落多样性无显著性差异。其中细菌群落 Shannon 指数随施氮量的增加呈现先降低后升高的趋势，N20 处理 Shannon 指数最低，为 5.06。N16、N20 及 N24 处理的真菌群落 Shannon 指数低于 N8 及 N12 处理。

非根际土壤中，细菌群落 Shannon 指数在 5.71～5.91，其中 N12 及 N20 处理细菌群落 Shannon 指数最高，分别为 5.91 和 5.90，显著高于其他施氮处理（图 4-3A）。非根际土壤中真菌群落 Shannon 指数在 3.43～4.42，相比对照，施氮处理增加了真菌群落 Shannon 指数，表明施入氮肥增加了青贮玉米田非根际土壤中真菌群落丰富度，其中 N24 处理最高，为 4.42，较其他处理高出了 1.32%～28.70%（图 4-3E）。

根际土壤中，细菌群落 Shannon 指数在 5.61～5.68，相比对照，施入氮肥不同程度地增加了根际土壤中细菌群落多样性，其中 N24 处理细菌群落 Shannon 指数最高为 5.68，较其他施氮处理高出了 0.60%～1.16%（图 4-3B）。根际土壤中，真菌群落 Shannon 指数在 3.75～4.56，N0 处理及 N16 处理

Shannon 指数最高，分别为 4.56 及 4.63，显著高于 N20 处理（图 4-3F）。

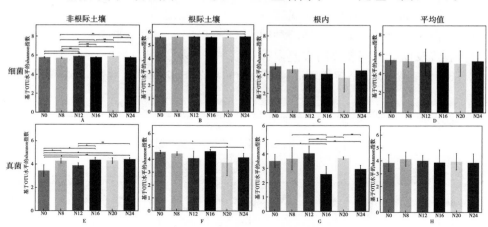

图 4-3　不同施氮处理下青贮玉米田根系空间细菌及真菌 Alpha 多样性（Shannon 指数）变化

根内细菌多样性指数在 3.65～4.85，且不同施氮处理间差异不显著（$P >$ 0.05），其中 N0 处理 Shannon 指数最高为 4.85，较其他施氮处理高出了 6.53%～32.88%（图 4-3C）；N12 处理的根内真菌群落 Shannon 指数最高为 4.04，显著高于 N16 处理，N16 处理 Shannon 指数最低为 2.59（图 4-3G），分别比 N0、N8、N12、N20、N24 小了 26.03%、29.41%、35.92%、20.34%、12.12%。

4.3.3　Beta 多样性

对青贮玉米不同根系空间结构的细菌和真菌群落进行主坐标分析（PCoA），结果显示不同取样位置间微生物群落分布相对离散（图 4-4），表明根系空间结构的改变明显影响了细菌和真菌群落的组成。

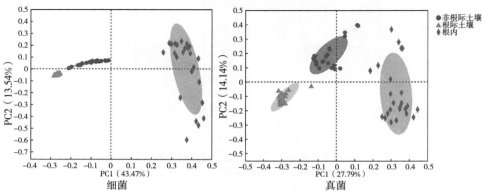

图 4-4　青贮玉米不同根系空间结构细菌和真菌群落主坐标分析

不同施氮水平下非根际土壤中细菌、真菌群落 PCoA 分别如图 4-5A、图 4-5D 所示，面对细菌群落，提取到的 2 个最大程度反映处理间差异的方差，累计贡献率，分别为 PC1＝29.37％和 PC2＝9.84％。真菌群落提取到的 2 个最大程度反映处理间差异的方差累计贡献率，分别为 PC1＝28.60％和 PC2＝22.78％。表明 PC1 是解释不同施氮处理间群落组成差异的主要因素。不同施

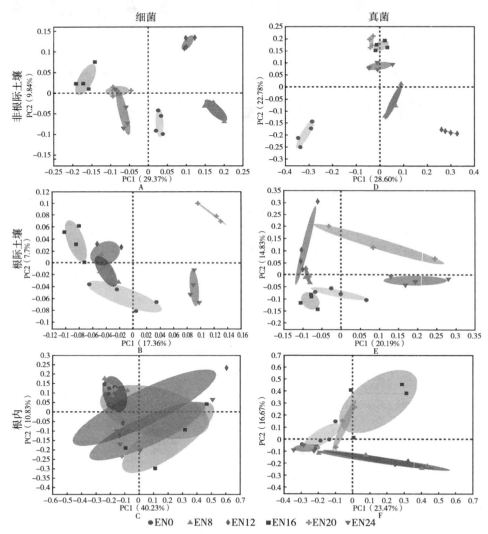

图 4-5 不同施氮水平下青贮玉米根系空间细菌和真菌群落主坐标分析

注：青贮玉米在非根际土壤、根际土壤和根内细菌（A～C）及真菌（D～F）群落多样性，基于 brae-curtis 距离指标在 OTU 水平上的主坐标分析（PCoA）显示。施肥处理包括不施氮（对照）、不同施氮水平（N8、N12、N16、N20、N24）。

氮水平下细菌和真菌群落分布离散，且不同施氮量引起的细菌及真菌群落的差异主要沿着横轴 PC1 分布，表明不同施氮水平下非根际细菌及真菌群落组成存在明显差异。

不同施氮水平下，根际土壤中细菌、真菌群落 PCoA 如图 4-5B、图 4-5E 所示，细菌群落提取到的 2 个最大程度反映处理间差异的方差，累计贡献率分别为 PC1＝17.36％和 PC2＝7.7％。真菌群落提取到的 2 个最大程度反映处理间差异的方差累计，贡献率分别为 PC1＝20.19％和 PC2＝14.83％。表明 PC1 是解释不同施氮处理间群落组成差异的主要因素。与细菌组成相比，真菌群落较为离散，且群落间相对距离大于细菌群落，表明氮肥施入量的改变对根际真菌群落结构组成的影响更大。

不同施氮水平下，根内细菌、真菌群落 PCoA 如图 4-5C、图 4-5F 所示，细菌群落提取到的 2 个最大程度反映处理间差异的方差，累计贡献率分别为 PC1＝40.23％和 PC2＝10.83％。真菌群落提取到的 2 个最大程度反映处理间差异的方差，累计贡献率分别为 PC1＝23.47％和 PC2＝16.67％。表明 PC1 是解释不同施氮处理间群落组成差异的主要因素。不同施氮处理间根内细菌群落紧密地聚集在一起，具有较高的相似性。与细菌群落相比，N16 及 N20 处理的真菌群落与其他施氮处理离散分布，处理间差异明显，表明氮肥施入量的改变对根内真菌群落组成的影响更大。

利用 PERMANOVA 分析表明，不同施氮量对非根际土壤、根际土壤以及根内细菌群落组成差异影响的解释度分别为 0.55、0.35、0.32；对非根际土壤、根际土壤以及根内真菌群落组成差异影响的解释度分别为 0.75、0.44、0.42，除了根内细菌以外，不同施氮处理对青贮玉米根系空间微生物群落组成均存在极显著影响（$P < 0.01$）（表 4-6）。表明从非根际土壤到根际土壤再到根内，施入氮肥对细菌及真菌群落组成的影响逐渐递减，且不同施氮量对真菌群落组成的影响大于细菌群落。

表 4-6　基于 PERMANOVA 的氮肥对细菌和真菌群落的影响

项目		细菌群落	真菌群落
非根际土壤	P	＜0.01	＜0.01
	R^2	0.55	0.75
根际土壤	P	＜0.01	＜0.01
	R^2	0.35	0.44
根内	P	0.02	＜0.01
	R^2	0.32	0.42
氮肥	P	0.69	0.07
	R^2	0.06	0.13

（续）

项目		细菌群落	真菌群落
空间结构	P	＜0.01	＜0.01
	R^2	0.49	0.13
氮肥×空间结构	P	＜0.01	＜0.01
	R^2	0.68	0.59

4.3.4 不同施氮水平下根系空间微生物群落组成

经过 LEFSE 分析发现，非根际土壤中共有 12 个细菌门水平 157 个生物标记物对不同氮肥处理敏感，根际土壤中有 7 个细菌门水平 68 个生物标记物对氮肥处理敏感，根内细菌中有 6 个门水平 34 个生物标记物对氮肥处理敏感（图 4-6A，图 4-6B，图 4-6C）。这些生物标记物分别占了检索到的所有分类群

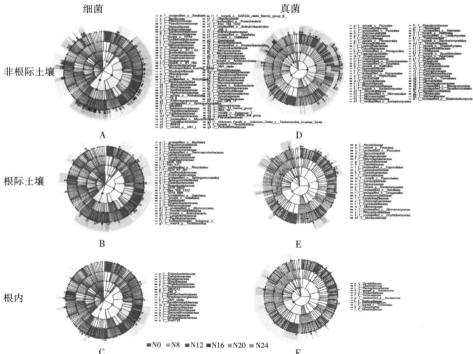

图 4-6　不同施氮水平下青贮玉米田根系空间微生物 LEFSE 分析

注：LEfSe 结果表明，细菌（A～C）和真菌（D～F）生物标志物（从门级到科级）对氮肥的敏感性（LDA＝2），施氮水平包括不施氮（对照）、不同施氮水平（N8、N12、N16、N20、N24）。图中有 4 个圆环，每个圆环代表一个分类学层次内的所有分类单元，从内到外的圆环分别代表门、纲、目、科。环上的节点表示一个分类单元，隶属于分类学层面。不同颜色节点代表微生物种群在不同处理中显著富集，对组间差异有显著影响；浅黄色节点代表微生物种群在不同的组中没有显著差异（参见彩图 18）。

中的 25.32%、10.97%、5.48%（数据由附录一的内容计算得到）；非根际土壤中共有 6 个真菌门水平 108 个生物标记物对不同氮肥处理敏感，根际土壤中共有 5 个真菌门水平 48 个生物标记物对氮肥处理敏感，根内真菌中共有 4 个门水平 29 个生物标记物对氮肥处理敏感（图 4-6D，图 4-6E，图 4-6F）。这些生物标记物分别占了检索到的所有分类群中的 25.53%、11.35%、6.86%（数据由附录二的内容计算得到）。

施入氮肥对根系空间微生物群落组成均具有不同程度的影响。共检测到 5 个丰度最高的细菌门微生物，包括变形菌门（Proteobacteria）、放线菌门（Actinobacteria）、芽单胞菌门（Gemmatimonadetes）、厚壁菌门（Firmicutes）以及拟杆菌门（Bacteroidetes），在整个根系空间中富集（15.81%～76.04%）。在不同根系空间结构，变形菌门以及芽单胞菌门的相对丰度呈根内＞非根际土壤＞根际土壤的变化趋势，厚壁菌门的相对丰度呈非根际土壤＞根际土壤＞根内的变化趋势，放线菌门相对丰度呈现根际土壤＞非根际土壤＞根内的变化趋势（图 4-7）。

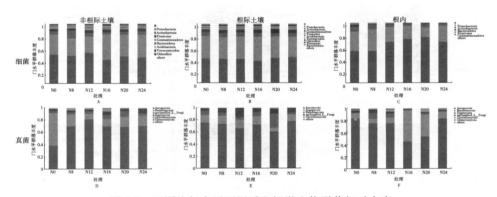

图 4-7　不同施氮水平下根系空间微生物群落相对丰度

在非根际土壤中，不同施氮处理对各门水平下细菌群落相对丰度的影响达到显著水平（图 4-8），其中放线菌门在 N16 处理中富集，相对丰度为 41.70%，在 N8 和 N12 处理中相对丰度最低分别为 27.05%、28.26%。在根际土壤中，不同施氮处理对变形菌门、放线菌门以及厚壁菌门相对丰度的影响达到显著水平。根内细菌中，不同施氮处理对变形菌门、芽单胞菌门以及拟杆菌门相对丰度的影响达到显著水平，其中变形菌门在 N12、N16、N20 以及 N24 处理下相对丰度为 68.21%～76.03%，均高于 N0 和 N8 处理，而拟杆菌门在 N0 及 N8 处理下富集，相对丰度为 7.78% 和 7.92%。

在根系空间微生物群落中，共检测到 4 个丰度最高的真菌门微生物，包括子囊菌门（Ascomycota）、担子菌门（Basidiomycota）、Unclassified-K-Fungi

以及接合菌门（Zygomycota）。除了非根际土壤中的 N0 处理外，其他施氮处理均为子囊菌门高度富集（图 4-7）。子囊菌门以及接合菌门相对丰度在不同空间结构呈根际土壤＞非根际土壤＞根内的变化趋势；担子菌门相对丰度呈非根际土壤＞根内＞根际土壤的变化趋势。在非根际土壤中，不同施氮处理对子囊菌门、担子菌门以及接合菌门相对丰度的影响达到显著水平，其中子囊菌门相对丰度随着施氮量的增加呈先增加后趋于稳定的趋势，N12 处理相对丰度最高为 80.44%，担子菌门在非根际土壤中，N0 处理相对丰度最高为 52.80%。在根际土壤中，不同施氮处理对担子菌门以及接合菌门相对丰度的影响达到显著水平，其中担子菌门在 N20 及 N24 处理下相对丰度小于其他施氮处理，而接合菌门在 N20 处理下相对丰度最高为 23.18%。在根内真菌中，不同施氮处理对担子菌门以及接合菌门相对丰度的影响达到显著水平，其中担子菌门在 N16 及 N20 处理中大量富集，相对丰度分别为 35.69% 及 50.47%（图 4-7，图 4-8）。

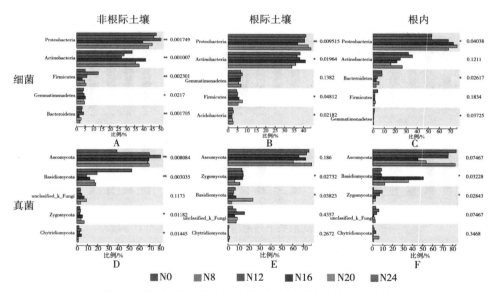

图 4-8 青贮玉米不同根系空间微生物群落在不同施氮水平间差异性分析

注：Y 轴表示门水平下的物种名，X 轴表示物种不同分组中平均相对丰度；最右边为 P 值，* 表示 $0.01 < P \leqslant 0.05$，** 表示 $0.001 < P \leqslant 0.01$，*** 表示 $P \leqslant 0.001$。

4.3.5 环境因素相关分析

采用 RDA 分析微生物群落与环境因子之间相互关系，结果表明，pH、AP 以及 UA 显著影响细菌群落组成，相关性指数分别为 0.33、0.43 以及 0.47。APA、UA、TK 以及 AP 显著影响真菌群落的组成，相关性指数分别为 0.48、0.72、0.56 以及 0.43（图 4-9，表 4-7）。

图 4-10 为非根际土壤、根际土壤和根内微生物与土壤理化性质及酶活性间的相关性热图，选择不同处理下丰度排名前 5 位的细菌门和排名前 4 位的真菌门进行分析。X 轴为土壤因子，Y 轴为微生物物种。

非根际土壤中，变形菌门的相对丰度与 TK、pH、TN 及 HPA 呈显著正相关，与 UA 及 AP 呈显著负相关；芽单胞菌门的相对丰度与 TK 及 HPA 呈显著正相关；厚壁菌门的相对丰度与 AN 呈显著负相关，与 AP 呈显著正相关；变形菌门以及放线菌门的相对丰度与 UA 呈显著正相关，与 TK 及 TN 呈显著负相关。子囊菌门的相对丰度与 AP、TC 以及 SPA 均呈显著正相关；担子菌门的相对丰度与 AP 及 APA 呈显著负相关；接合菌门的相对丰度与 UA 呈显著负相关，与 TK、TN 及 IA 呈显著正相关。表明土壤环境因子对于部分非根际土壤中细菌及真菌门的相对丰度具有较强的相关性。

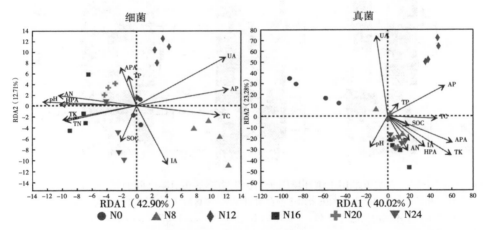

图 4-9　不同施氮水平下青贮玉米田微生物群落与土壤环境因子间关联分析

注：不同施氮处理下的细菌和真菌群落与环境因子的冗余度分析。在分析之前使用方差膨胀因子筛选环境因子。环境因子箭头的长短可以代表环境因子对于微生物的影响程度（解释量）的大小；环境因子箭头间的夹角代表正、负相关性（锐角：正相关；钝角：负相关；直角：无相关性）。

表 4-7　微生物群落与理化特性和酶活性之间的相关性

项目	细菌		真菌	
	R^2	P	R^2	P
pH	0.33	0.01	0.13	0.20
TP	0.05	0.61	0.02	0.78
TC	0.26	0.06	0.23	0.06

（续）

项目	细菌		真菌	
	R^2	P	R^2	P
HPA	0.22	0.07	0.10	0.35
APA	0.09	0.39	0.48	<0.01
IA	0.21	0.11	0.23	0.07
UA	0.47	<0.01	0.72	<0.01
SOC	0.08	0.4	0.05	0.61
TK	0.22	0.09	0.56	<0.01
AN	0.23	0.08	0.16	0.16
AP	0.43	0.02	0.43	<0.01

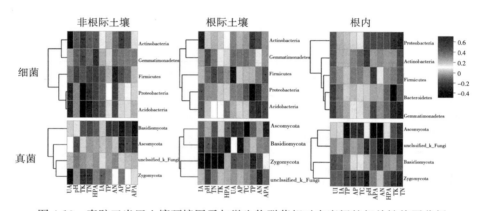

图 4-10　青贮玉米田土壤环境因子与微生物群落相对丰度间的相关性热图分析

注：相关性热图显示了青贮玉米田土壤在细菌（A）和真菌（B）群落微生物与环境变量之间的关系，R 值来显示不同的颜色。（0.01<P≤0.05 标记为＊，0.001<P<0.01 标记为＊＊，P≤0.001 标记为＊＊＊）。

　　非根际土壤中，放线菌门的相对丰度与 TK、pH、TN、AP、UA 和 HPA 显著相关；根际土壤中，放线菌门的相对丰度与 TP、AN、IA 显著相关；根内菌中，放线菌门的相对丰度与 pH 显著相关。非根际土壤中，变形菌门的相对丰度与 UA、TN、TK 显著相关；根际土壤中，变形菌门的相对丰度与 IA、AN 显著相关；根内菌中，变形菌门的相对丰度与 TN、TK 显著相关。表明在青贮玉米根系不同空间结构，同一细菌门相对丰度与不同的土壤环境因子显著相关。

　　结构方程模型（SEM）进一步量化了氮肥和土壤酶活性对施氮后细菌及真菌群落 Alpha 多样性影响的贡献（图 4-11）。氮肥直接影响土壤酶活性（0.71）。青贮玉米不同的根系空间结构对细菌（－0.67）和真菌（－0.44）群落 Shannon 指数有很大的影响（图 4-11A）。不同施氮量对非根际土壤中细菌（0.71）和真菌（0.61）以及根际土壤中细菌（0.60）群落多样性的影响达到极显著水平（$P < 0.01$），并且随着空间结构向根系内移动，其影响逐渐减小（图 4-11B）。与真菌群落相比，在整个根系空间结构中，氮肥对细菌群落多样性的影响更大。根内真菌群落多样性对土壤酶活性的影响最大，为-0.52，表明根内真菌群落抑制了土壤酶活性，非根际土壤（-0.50）中的细菌群落及根内细菌群落（0.32）多样性对土壤酶活性的影响大于根际中细菌（-0.28）及真菌（-0.14）群落多样性对土壤酶活性的影响。

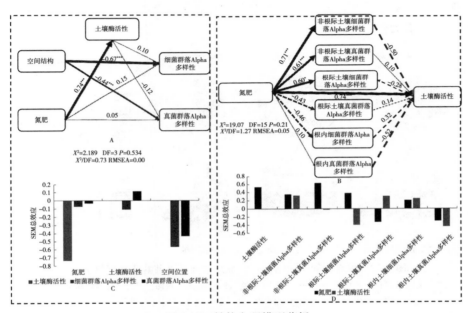

图 4-11　结构方程模型分析

注：A、B 为氮肥、土壤酶活性与青贮玉米根系空间微生物群落间通过结构模型分析的模型图，C、D 分别为 A、B 对应的结构方程模型总效应分析。结构方程模型（SEM）说明了氮肥对土壤酶含量、非根际土壤、根际以及根内细菌和真菌群落 Alpha 多样性（Shannon 指数）的直接和间接影响。连续箭头和虚线箭头分别表示显著关系和非显著关系。与箭头方向相同的邻接数表示路径系数，箭头的宽度与路径系数的程度成正比。绿色和红色箭头（参见彩插图 23）分别表示正关系和负关系。显著性水平为 * 表示 $P<0.05$，**$P<0.01$，***$P<0.001$。由 SEM 计算的标准化总效应（直接加间接效应）显示在 SEM 下方。SEMs 中所列的低卡方（X^2）、非显著概率水平（$P>0.05$）和低均方根误差（RMSEA <0.05）表明我们的数据与假设模型相匹配。

4.3.6　共线性网络分析

为了进一步确认不同施氮水平对微生物群落的影响，创建了非根际土壤、根际土壤以及根内细菌及真菌群落网络图。通过分析结果显示，"种星青饲 1 号"青贮玉米田根系不同空间结构的细菌、真菌网络聚类系数及密度均呈非根际＞根内＞根际的变化趋势（表 4-8，图 4-12）。相比对照，各施氮处理减少了青贮玉米各空间结构细菌及真菌的聚类系数。N16 处理网络密度最高，细菌及真菌网络密度分别为 0.58、0.46（表 4-9，图 4-12），表明在 N16 处理下，土壤微生物群落间形成了紧密的联系。细菌间正相关关系随着非根际土壤-根际土壤-根内而逐渐增高，非根际土壤、根际土壤及根内细菌中正相关关系分别为 51.08％、57.44％、87.13％（表 4-8，图 4-13A，图 4-13B，图 4-13C）。除 N8 处理外，其他施氮处理细菌网络传递性均小于对照。除 N8 处理外，各施氮水平细菌间正相关关系均高于对照，在 N12 处理下达到最大值。

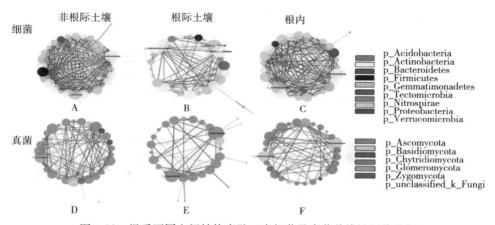

图 4-12　根系不同空间结构青贮玉米细菌及真菌共线性网络分析

注：该网络模拟了不施氮（对照）、不同施氮（N8、N12、N16、N20、N24）施肥处理对非根际土壤、根际土壤和根内细菌（A～C）和真菌（D～F）科水平的共线性网络分析影响。节点大小与连接程度对应，颜色与门级分类学信息对应，边缘按交互类型着色；正相关用红色标记，负相关用紫色标记（参见彩插图24），线宽度代表皮尔曼相关大小。

　　真菌在非根际土壤、根际土壤及根内三个空间结构群落间正相关关系分别为 83.33％、91.53％、81.52％（表 4-8，图 4-13D，图 4-13E，图 4-13F）。真菌网络传递性及网络密度在 N16、N20 处理高于 N8 及 N12 处理，真菌群落间正相关关系除 N16、N20 处理外，其他施氮处理均小于对照，且随着氮肥水平的增加呈现先降低后升高的变化趋势，N20 处理（93.88％）最高。综合比较各施氮处理下微生群落间的相互关系表明，从非根际土壤到根际土壤再到根内，细菌群落间竞争逐渐减弱，而真菌群落在根际竞争最小，土壤微生物组成在响应氮肥施入量增加时，N16 处理细菌及真菌微生物群落间形成了更加紧密的联系。

　　多个具有较高丰度的细菌及真菌在相关性网络中有更高的连接点，包括

Rubrobacteriaceae（非根际土壤）、*Norank-o-Gaiellales*（根际土壤）、*Caulobacteraceas*（根内），在网络中的链接点分别为 24、13、20（图 4-12A，图 4-12B，图 4-12C）。*Mortierellaceae*、*Sporormiaceae*、*Geminibasidiaceae* 分别为非根际土壤、根际土壤以及内生真菌网络图中的关键微生物，链接点分别为 13、12、13（图 4-12D，图 4-12E，图 4-12F）。细菌关键微生物包括 Actinobacteria 和 Proteobacteria，但在真菌中包括三个不同的菌门（图 4-13），说明施入氮肥，在整个根系空间结构中最敏感的微生物种类是真菌。

表 4-8　图 4-12 网络拓扑指标

项目	细菌群落			真菌群落		
	非根际土壤	根际土壤	根内	非根际土壤	根际土壤	根内
聚类系数	0.75	0.54	0.41	0.55	0.25	0.48
传递性	0.56	0.37	0.62	0.39	0	0.55
网络密度	0.53	0.25	0.45	0.29	0.15	0.21
连接点	30	28	28	30	29	30
网络异质性	0.42	0.55	0.40	0.38	0.66	0.52
网络集中化	0.32	0.25	0.31	0.17	0.30	0.25

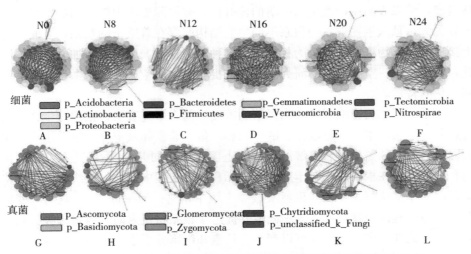

图 4-13　不同施氮水平下青贮玉米根系空间细菌及真菌共线性网络分析

注：该网络模拟了不施氮（对照）、不同施氮（N8、N12、N16、N20、N24）处理下细菌（A~F）和真菌（G~L）群落在科水平的共线性网络分析。

表 4-9　图 4-13 网络拓扑指标

项目	细菌						真菌					
	N0	N8	N12	N16	N20	N24	N0	N8	N12	N16	N20	N24
聚类系数	0.82	0.80	0.78	0.80	0.66	0.74	0.72	0.53	0.62	0.72	0.60	0.66
传递性	0.89	0.91	0.79	0.83	0.82	0.76	0.73	0.59	0.67	0.77	0.71	0.74
网络密度	0.53	0.58	0.34	0.58	0.45	0.43	0.39	0.25	0.28	0.46	0.24	0.42
连接点	30	29	30	29	29	30	29	30	30	29	29	28
网络异质性	0.48	0.46	0.44	0.39	0.52	0.46	0.53	0.46	0.54	0.47	0.49	0.51
网络集中化	0.24	0.26	0.37	0.23	0.28	0.28	0.35	0.21	0.33	0.27	0.20	0.27

4.4　讨论

4.4.1　青贮玉米根系不同空间结构微生物群落组成的差异

　　微生物群落组成在不同空间结构中具有一定的差异[130]。本研究表明，氮肥的施用影响了青贮玉米根系不同空间结构微生物群落的组成，从非根际土壤到根际土壤再到根内，施氮量对细菌及真菌群落多样性及组成的影响逐渐递减，相比根际及根内，施氮处理显著增加了非根际土壤中微生物群落丰度以及多样性，因此施氮量对非根际土壤中微生物群落多样性及组成的影响更大，这与前人研究结果一致。Burns 等[131]研究 15 种植物不同根系空间结构微生物群落组成，结果表明由于微生物群落的偏好性，非根际土壤中微生物群落组成的差异更大，且微生物群落与根系不同空间结构间存在着紧密的联系，空间结构上接近的微生物群落组成较为相似，而这种相似性随着距离的增加而减弱。因此，专注于单一空间结构的研究，无法捕捉农田土壤生态系统中微生物群落空间变化的特征。

　　根系空间结构影响着微生物群落的丰度。前人研究表明，根内微生物可以通过分泌生长激素等促进农作物的生长和产量，非根际及根际土壤微生物则通过固定大气中的氮、钾和溶解的磷等使土壤养分增加[132]。本研究中，变形菌门和拟杆菌门在根内的相对丰度比非根际和根际土壤中高，而放线菌门、芽单胞菌门和厚壁菌门主要在非根际及根际土壤中富集。Meena 等[133]认为，变形菌门和芽单胞菌门具有从大气中固氮并促进了根系将氮素向根内转移吸收利用的能力。此外，变形菌门还可以产生生长素和细胞分裂素，从而影响植物的生长，并诱导植物抵御病害[134]。放线菌门多数为腐生菌，在有机质丰富的土壤中放线菌丰度最大[135]。本研究的结果与前人一致，根系不同空间结构的微生物群落结构标示着其与作物根系的相互作用与协同进化。

　　本研究结果表明，*Mortierellaceae*、*Sporormiaceae*、*Geminibasidiaceae*

分别为非根际土壤、根际土壤以及根内真菌网络中的关键微生物。Crocker 等[136]报道，*Mortierellaceae* 是一类具有生物降解能力的真菌，许多属于 *Mortierellaceae* 的微生物具有巨大潜力产生油脂以及高价值脂肪酸[137]。*Sporormiaceae* 多数为腐生菌，有研究表明在根内也发现了该种真菌[138]。Nguyen 等[139]发现 *Geminibasidiaceae* 是一种具有耐热、耐旱的担子菌门的新物种，担子菌是可产生氧化酶并降解木质素的一类微生物[140]。因此，本研究所揭示的真菌网络中的 3 个关键微生物均具有一定的生物降解能力。微生物群落与根系不同空间结构间的联系与功能特征，尚需深入研究。

4.4.2　青贮玉米田根系不同空间结构微生物对氮肥施入的响应

本研究表明，不同施氮量对玉米田土壤真菌群落组成的影响大于细菌群落。Morrison 等[141]及 Wallenstein 等[142]也认为，真菌群落组成的变化可认为是增加 N 输入的分解反应的主要驱动因素。土壤环境因子与部分微生物的相对丰度具有较强的相关性。在短期施肥过程中，不同施氮水平对微生物群落组成及多样性的影响，解释了土壤理化性质和酶活性的变化，但施肥诱导的非生物变化可能会在很多年后出现[143, 144]。

本研究中，根系不同空间结构中的细菌和真菌群落的组成对氮肥施入量的响应不同，其中不同施氮水平对青贮玉米根内真菌群落组成及多样性的影响达到显著水平，这可能是由于根系周围的部分真菌群落由植物根系的通道进入根内[145]，从而使内生真菌群落多样性增加。Edgar[125]研究认为，微生物群落组成的变化与土壤中碳代谢紧密相关，而土壤中 C 的储存部分是通过分解来控制的，分解会随着氮素的添加而增加或降低[47]。本研究结果表明，N24 处理不同程度地降低了非根际土壤中变形菌门以及在根际土壤中放线菌门的相对丰度，且不同施氮处理对青贮玉米根系不同空间结构真菌群落的组成均存在极显著影响。Paungfoo-Lonhienne[146]研究不同施氮量对非根际和根际土壤真菌群落的影响认为，氮肥施入量的改变影响了非根际以及根际土壤中真菌群落的组成，同时氮肥施入过量可能导致有益功能微生物丰度的减少，并促进了已知致病真菌属的生长[147]。这是因为过量施入氮肥会对微生物以及植物的共生关系产生负面影响，包括高氮营养[148]和 AM 共生[149]。当氮肥施入量超过一定范围后，不仅不会使产量增加，还可能导致大规模的减产[150,151]。因此，施氮对土壤微生物群落组成的影响，为深度解释过量施入氮肥对植物生长的抑制作用具有帮助。

本研究结果表明，变形菌门与放线菌门是青贮玉米根系各空间结构中丰度最高的微生物门类。在非根际土壤中，N0、N8 及 N12 处理下，变形菌门的相对丰度高于其他施氮处理，而在根际以及根内，N16、N20 及 N24 处理下，变形菌门的相对丰度高于其他低氮处理。Meena[133]等报道，变形菌门具有从大气中固氮的能力，并促进了根系将氮素向根内转移吸收利用的能力。因此，低氮处理下变形菌门能够固定更多的氮素，高氮处理将更多的氮素转移吸收到寄生植物中，这可解释高氮处理下玉米植株中具有更高氮素含量的现象。

4.4.3　青贮玉米田根系不同空间结构微生物共线性网络分析

共线性网络分析有助于揭示不同施氮水平下微生物之间的相互关系[152,153]。本研究表明，从非根际土壤到根际土壤再到根内，细菌群落间的正相关关系逐渐增高，根内细菌群落间联系最为紧密。已有研究表明，细菌间正相关关系更有利于植株各器官中营养物质的组装、传递和吸收过程，且对该过程的积极作用远高于其他负面影响[154]。Burns[131]同样认为，根内微生物通过与寄主植物相互作用，两者形成互惠共生的关系，从而提高寄主对环境的适应性。

本研究还表明，适量施入氮肥增高了网络密度，其中 N16 处理下，细菌及真菌各微生物群落间形成了更加紧密的联系，而更高施氮水平则会减弱这种联系。LEfSe 分析结果也同样显示，所检测到的分别占整个差异菌群26.95％、22.70％的细菌及真菌群落，在 N16 处理下富集。有报道称，根际土壤中的几个对氮添加敏感的类群，在与根际功能相关的农业生态系统中发挥着关键作用[152]。Wang 等[155]认为高氮对土壤细菌群落具有负面影响，但对于真菌却具有积极作用，增加氮肥施用量对土壤中 C 循环有潜在的负面影响，并促进了已知致病真菌属的生长[146]。本研究中 N20 及 N24 等高氮处理虽然增加了微生物群落的丰度，但细菌菌群间的相互作用减弱，真菌群落间相互作用增强。因此，N16 处理可能更利于促进微生物组的多样性，从而提高系统抵抗恶劣环境的能力。

4.5　小结

（1）施氮显著影响了青贮玉米根系不同空间结构微生物的丰度、多样性以及群落的组成。随着空间结构越接近根内，微生物群落丰度以及细菌群落多样性越低，氮肥对细菌以及真菌群落组成影响强度也随着空间结构的内移逐渐减弱，但相比非根际以及根际土壤中细菌群落，根内细菌群落间联系更加紧密，群落间竞争减弱。共线性网络分析表明，*Rubrobacteriaceae*、*Norank-o-Gaiellales*、*Caulobacteriaceas* 分别为非根际土壤、根际土壤以及根内细菌网络中的关键微生物，*Mortierellaceae*、*Sporormiaceae*、*Geminibasidiaceae* 分别为非根际土壤、根际土壤以及根内真菌网络中的关键微生物。

（2）微生物群落在不同空间结构对环境因子的响应存在差异。变形菌门与根际土壤中 UA、TN、TK 显著正相关，与根际土壤中 AN 显著负相关，与根内 TN、TK 显著正相关；担子菌门与根际土壤中 pH、根内 AN 和 APA 均呈显著正相关。

（3）与细菌群落相比，氮肥对各空间结构中真菌群落组成的影响更大，且随着施氮量的增加，真菌群落多样性降低，群落间相互作用减弱。因此，真菌群落是青贮玉米根系空间中对氮肥最敏感的微生物群落。

（4）检测到了分别占整个差异菌群 26.95％、22.70％的细菌及真菌群落在 N16 处理下富集，在 N16 处理下，有更多对氮素添加敏感的微生物群落。在短期施入氮肥的条件下，N16 处理有助于青贮玉米中微生物群落之间形成更加紧密的联系，而更高施氮水平则会减弱这种联系。因此，N16 处理有助于加强微生物之间的联系，从而提高对环境的适应性。

第五章 施氮水平对青贮玉米生长发育及产量的影响

青贮玉米是一种整株收获的玉米类型，全株鲜重及干物质量是青贮玉米生产的重要性状，且干物质积累量与产量呈密切正相关，促进干物质向生殖器官转移是提高产量的重要途径之一。氮素是青贮玉米生长发育的主要营养元素之一，适量施入氮肥对其生长有着积极的作用[1]，合理运筹氮肥是实现高产优质的重要措施。因此，研究青贮玉米全生育期各器官干鲜重积累与分配动态规律对于产量积累以及精准施肥具有积极作用，可为青贮玉米栽培管理提供理论依据。

5.1 测定指标及方法

农艺性状测定：分别在 2018 年及 2019 年青贮玉米的苗期、拔节期、大喇叭口期、抽雄期和青贮收获期测定青贮玉米农艺性状，各处理选取 3 株具有代表性且长势一致的植株，齐地刈割后测定青贮玉米植株株高以及各器官（茎、叶、果穗、苞叶）鲜重，再将样品按茎、叶、苞叶、果穗等分别装于牛皮纸袋中放入烘箱，105℃下杀青 30min，80℃烘干至恒重，用电子天平称重并记录。

产量测定：在青贮玉米乳线达到 1/2 时[156]，从地上部 20cm 处全株刈割[102]。生物鲜重按小区称重后折合成公顷产量；生物产量测定，从各小区随机取 10 株玉米，使用烘箱 105℃杀青 30min 后，60℃烘干至恒重后折合成公顷产量。

5.2 数据处理与分析方法

采用 SPSS 25.0 分析青贮玉米生长天数以及干物质积累量间的 Logistic 回归方程。

Logistic 回归方程为 $y = k / (1 + a\mathrm{e}^{-bx})$，

最大增速 $V_m = k \times b / 4$。

平均增速 $V = (w_2 - w_1) / (t_2 - t_1)$。其中 w_2 为快速增长开始时青贮玉米植株积累干物质量；w_1 为快速增长结束时青贮玉米植株积累干物质量；t_1

为快速增长开始日期；t_2 为快速增长结束日期。

快速增长开始日期 $t_1 = [\ln a - \ln (2 + 3/2)]/b$。

快速增长结束日期 $t_2 = [\ln a + \ln (2 + 3/2)]/b$。

5.3　试验结果

5.3.1　施氮水平对青贮玉米株高的影响

青贮玉米各施氮处理株高范围，2018 年、2019 年分别在 326.27～350.00cm、249.48～349.48cm。随着生育期推进，不同施氮处理下青贮玉米株高均呈逐渐增加的趋势，而且从拔节期至抽雄期，株高呈直线增长，抽雄期后，青贮玉米无明显的增高（图 5-1）。不同施氮处理间比较发现，苗期青贮玉米株高随着施氮量的增加而增高，N0 处理株高最小，2018 年、2019 年分别为 64.93cm、39.17cm，其中 2019 年 N0 处理显著低于其他施氮处理（$P<0.05$），此外苗期 N8、N12、N16、N20 及 N24 处理间株高无显著差异（$P>0.05$），表明苗期土壤氮素供应充足，施入氮肥可以增高青贮玉米高度，而不同氮素施用量并未对青贮玉米株高造成影响。拔节期～收获期，株高随着施氮量的增加呈先增高后降低的变化趋势，可见在一定施氮范围内，随着氮肥施入量的增加，青贮玉米高度也相应增加；2018 年、2019 年各施氮处理拔节期株高分别在 110.80～131.00cm 及 96.03～139.03cm，最大值在 N12、N16 处理，分别为 131.00cm、139.03cm，且 N12、N16、N20 三个处理间无显著性差异。大喇叭口期两年玉米株高均在 N8 处理达到峰值，较其他施氮处理高出 3.59%～52.19%。进入生殖生长期后，青贮玉米株高增长变缓，抽雄期及收获期株高最大值分别在 N12、N8 处理，其中 2018 年抽雄期及收获期各施氮处理间均无显著性差异，2019 年抽雄期 N8、N16 及 N20 处理间无显著差异（$P>0.05$），收获期 N8 处理株高较其他施氮处理提高了 3.91%～19.28%（$P<0.05$）。

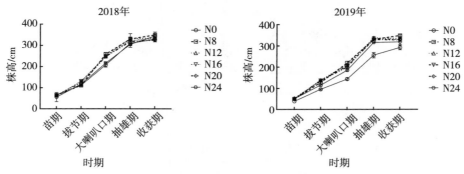

图 5-1　不同施氮水平下青贮玉米株高动态变化

5.3.2　施氮水平对青贮玉米鲜重及干物质量的影响

青贮玉米收获时期为灌浆中期。由图5-2可知，各施氮处理下青贮玉米地上部干物质量随着生育期推进逐渐增加，而N0及N8处理整株鲜重在2018年呈先增高后降低的变化趋势，抽雄期达到峰值，其他施氮处理，植株鲜重随着生育期推进逐渐增加，收获期最高。

不同施氮处理间比较发现，相比N0，除2018年苗期外，施入氮肥均会不同程度增加青贮玉米鲜重及干物质量（图5-2）。2018年及2019年苗期N8处理生物鲜重及干物质量均为最高，其中2018年各施氮水平间无显著差异（$P > 0.05$），2019年N12、N16、N20及N24处理间无显著性差异，表明不同施氮量对苗期青贮玉米鲜重及干物质量无显著影响；2018年，从拔节期到收获期鲜重及干物质量随着施氮量的增加均呈现先增高后降低的变化趋势（图5-2A，图5-2C），除收获期外，鲜重在N12及N16处理间无显著性差异（$P > 0.05$），收获期N16处理单株鲜重最高为1 516.00g/株，较其他施氮处理高出了19.63%～56.22%，干物质量除抽雄期外N12、N16、N20及N24处理间均无显著性差异（$P > 0.05$），抽雄期N12处理下单株干物质量最高为207.84g/株，表明青贮玉米干物质量在一定范围内随着施氮量的增加逐渐增高，而超过该范围后，施氮量的增加对干物质量的积累无显著影响。2019年，

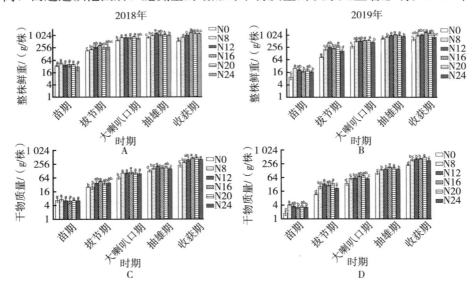

图5-2　不同施氮水平下青贮玉米鲜重及干物质量动态变化

注：A～D分别代表2018年（A，C）及2019年（B，D）青贮玉米整株鲜重以及干物质量；垂直线条代表标准误；不同小写字母代表处理间差异达到$P < 0.05$显著水平；下同。

植株鲜重及干物质量在拔节期及大喇叭口期均在 N20 处理下最高，抽雄期及收获期随着施氮量的增加呈先增高后降低的变化趋势（图 5-2B、图 5-2D），其中抽雄期 N16 处理时达到最大值，单株鲜重及干物质量分别为 1 092.33g/株、182.08g/株，比其他施氮处理高出了 6.55%～59.62% 和 5.94%～81.53%；收获期不同施氮处理单株鲜重及干物质量分别在 646.00～1 399.00g/株 及 223.51～500.19g/株范围内，N16 处理单株鲜重最高，为 1 399.00g/株，N20 处理干物质量最高为 500.19g/株。

综合以上研究结果，两年的试验中，随着青贮玉米的生长发育，各施氮处理下的干物质量以及中高氮处理下（N12～N24）的单株鲜重呈逐渐增高的趋势，而低氮处理的青贮玉米植株由于提早进入蜡熟期，整株鲜重在收获期降低；施入氮肥均会不同程度增加青贮玉米鲜重及干物质量，其中不同施氮量对苗期青贮玉米鲜重及干物质量无显著影响，拔节期到收获期，最大值主要集中在 N16 及 N20 处理，说明青贮玉米单株鲜重及干物质量在一定范围内随着施氮量的增加逐渐增高，而超过该范围后缓慢降低。

5.3.3　施氮水平对青贮玉米鲜重及干物质积累速率的影响

在不同施氮水平下，青贮玉米不同生育阶段的鲜重积累速率在 2018 年、2019 年分别在 -6.21～36.35g/d 和 -1.12～30.34g/d，且随着生育期的推进均呈先升高后降低的变化趋势（表 5-1）。2018 年，由于大喇叭口期连日降雨，导致光合产物积累速率降低，因此除 N12 处理外的其他施氮处理均在拔节期—大喇叭口期鲜重增长速率最高，而 2018 年 N12 处理及 2019 年各施氮处理在大喇叭口期—抽雄期鲜重增长速率最高，表明青贮玉米在该生育期阶段生长速率较快，光合产物大量积累。2018 年 N16、N20 及 N24 处理植株干物质积累速率随着生育期的推进而增高，抽雄期—收获期最高，单株干物质积累速率在 5.00～6.12g/d，2018 年及 2019 年其他施氮处理干物质积累速率随着生育期的推进呈先升高后降低的变化趋势，大喇叭口期—抽雄期增长速率最高，2018 年 N0、N8、N12 处理及 2019 年各施氮处理分别在 5.04～6.80g/d、4.35～6.36g/d（表 5-2）。

表 5-1　各生育阶段不同施氮水平下青贮玉米鲜重积累速率比较（g/d）

施氮量	苗期—拔节期		拔节期—大喇叭口期		大喇叭口期—抽雄期		抽雄期—收获期		苗期—收获期	
	2018 年	2019 年	2018 年	2019 年	2018 年	2019 年	2018 年	2019 年	2018 年	2019 年
N0	8.65c	1.56e	21.53a	11.84b	17.49b	26.45a	-6.21b	-0.71a	5.48e	4.71c
N8	9.74bc	3.80cd	31.06a	19.34a	16.44b	20.22b	-4.60b	2.10a	8.25d	6.57abc
N12	14.19ab	5.23ab	27.27a	16.23ab	36.35b	26.36a	-5.43b	1.16a	10.23cd	7.19abc
N16	16.73a	4.68abc	26.23a	19.63a	22.44ab	30.34a	7.10a	4.79a	14.60a	9.46a

（续）

施氮量		苗期—拔节期		拔节期—大喇叭口期		大喇叭口期—抽雄期		抽雄期—收获期		苗期—收获期	
		2018年	2019年	2018年	2019年	2018年	2019年	2018年	2019年	2018年	2019年
N20		12.63abc	6.03a	34.11a	16.38ab	14.35b	25.59ab	3.92a	3.43a	12.61ab	8.37ab
N24		14.32ab	3.26d	25.31a	17.30a	9.78ab	24.84ab	4.37a	−1.12a	2.27bc	5.50bc
因素显著性	N	**		*		**		**		**	
	Y	**		**		*		ns		**	
	N×Y	**		ns		*		ns		ns	

注：不同小写字母代表各施氮处理间差异达到 $P < 0.05$ 显著水平；N 代表施氮量；Y 代表年份；* 代表 $P < 0.05$，差异显著；** 代表 $P < 0.01$，差异极显著；ns 代表 $P > 0.05$，差异不显著；下同。

表 5-2　各生育期阶段不同施氮水平下青贮玉米植株干物质积累速率比较（g/d）

施氮量		苗期—拔节期		拔节期—大喇叭口期		大喇叭口期/抽雄期		抽雄期/收获期		苗期—收获期	
		2018年	2019年	2018年	2019年	2018年	2019年	2018年	2019年	2018年	2019年
N0		1.11b	0.21c	2.01b	1.35b	5.04ab	4.35c	2.26c	2.28d	2.39c	1.64d
N8		1.12b	0.44b	4.13a	2.00ab	5.06ab	5.31bc	3.17bc	3.80bc	3.25bc	2.61bc
N12		1.88ab	0.64a	3.54a	1.69b	6.80a	5.13ab	3.84bc	4.26b	3.89ab	2.87b
N16		2.33a	0.56ab	3.69a	2.57a	3.66a	6.36a	6.12a	3.86bc	4.66a	2.92b
N20		1.82ab	0.67a	3.70a	2.49a	5.65ab	5.51ab	5.82a	5.13a	4.72a	3.40a
N24		1.90ab	0.40b	3.18ab	2.12ab	4.05ab	5.31bc	5.00ab	3.24c	3.99ab	2.43c
因素显著性	N	**		**		ns		**		**	
	Y	**		**		ns		*		**	
	N×Y	**		ns		**		**		*	

不同施氮处理间比较发现，2018 年大喇叭口期—抽雄期鲜重积累速率在 N12 处理下最高，为 36.35g/d，且与 N16 处理无显著性差异（$P > 0.05$），其他生育期阶段鲜重积累速率 N16 或者 N20 处理始终高于其他施氮处理，且 N16 与 N20 处理间无显著性差异（$P > 0.05$），表明适宜的施氮量可以提高青贮玉米鲜重增长速率。从整个生育期看，N16 及 N20 处理鲜重及干物质积累速率连续两年均高于其他处理，且鲜重积累速率在 N16 处理及 N20 处理间无显著性差异（$P > 0.05$）。从苗期—收获期看，2018 年、2019 年 N16 处理鲜重增长速率分别为 14.60g/d、9.46g/d，较其他处理高出 15.78% 及 13.02% 以上，N20 处理干物质积累速率分别为 4.72g/d、3.40g/d，较其他处理高出 1.29% 及 16.44% 以上。

不同施氮处理下的青贮玉米干物质积累量 Logistic 方程回归分析见表 5-3。

分析表明，N0 处理的最大增速及平均增速均小于其他施氮处理，2018 年、2019 年施氮处理的干物质积累最大增速分别较对照高出 25.50%～135.86%、24.58%～75.14%，干物质积累平均增速分别比对照高出 25.45%～135.91%、22.51%～74.60%。不同施氮处理间比较发现，2018 年 N16、N20 及 N24 最大增速及平均增速分别在 4.71～5.92g/（d・株）、4.13～5.19g/（d・株），其中 N20 处理最高。N20 处理最大增速及平均增速分别较其他施氮处理高出 9.63%～135.86%、9.49%～135.91%；2019 年 N12、N16 及 N20 处理最大增速及平均增速分别在 4.96～6.20g/（d・株）和 4.35～5.43g/（d・株），N20 处理最高。N20 处理最大增速及平均增速分别较其他施氮处理高出 9.73%～75.14%、9.70%～74.60%。表 5-3 表明，对照的干物质快速增长开始日期最早，2018 年、2019 年分别在 7 月 24 日、7 月 13 日，这与氮素营养匮乏导致生育期缩短有关。而处理后干物质快速增长开始期表现为，2018 年 N8、N12 处理快速增长开始日期分别为 7 月 26 日和 7 月 23 日，早于其他高氮处理，2019 年 N16 处理快速增长开始日期最早为 7 月 22 日，其他施氮处理在 7 月 25 日—7 月 26 日。

表 5-3　不同施氮处理下的青贮玉米干物质积累量 Logistic 方程回归分析

年份	项目	Logistic 方程	R^2	平均增速/[g/（d・株）]	最大增速/[g/（d・株）]	速增始期
2018 年	N0	$Y=237.74/（1+71.17e^{-0.037x}）$	0.82	2.20	2.51	7 月 24 日
	N8	$Y=346.85/（1+91.57e^{-0.039x}）$	0.83	2.95	3.36	7 月 26 日
	N12	$Y=334.29/（1+78.89e^{-0.038x}）$	0.80	2.76	3.15	7 月 23 日
	N16	$Y=557.68/（1+136.07e^{-0.039x}）$	0.81	4.74	5.40	8 月 4 日
	N20	$Y=595.71/（1+156.08e^{-0.040x}）$	0.84	5.19	5.92	8 月 4 日
	N24	$Y=499.82/（1+125.45e^{-0.038x}）$	0.83	4.13	4.71	8 月 3 日
2019 年	N0	$Y=300.89/（1+268.69e^{-0.047x}）$	0.96	3.11	3.54	7 月 13 日
	N8	$Y=509.78/（1+162.11e^{-0.035x}）$	0.96	3.87	4.41	7 月 25 日
	N12	$Y=616.52/（1+197.90e^{-0.037x}）$	0.95	4.95	5.65	7 月 26 日
	N16	$Y=525.94/（1+187.23e^{-0.038x}）$	0.95	4.35	4.96	7 月 22 日
	N20	$Y=657.57/（1+205.16e^{-0.038x}）$	0.95	5.43	6.20	7 月 25 日
	N24	$Y=488.36/（1+182.65e^{-0.036x}）$	0.94	3.81	4.36	7 月 26 日

综合分析上诉研究结果，2018 年由于降水量增大，不同施氮处理间鲜重及干物质积累速率在玉米生长期内变化趋势不一，2019 年各施氮处理在大喇叭口期—抽雄期鲜重及干物质积累迅速；N16 及 N20 处理在两年试验中鲜重及干物质增长速率始终高于其他施氮处理，表明适宜的施氮量可以加快青贮玉

米鲜重及干物质增长速率。各处理干物质积累量的 Logistic 曲线表明，施入氮肥可以提高青贮玉米干物质积累速率，推迟快速增长期，N16 及 N20 处理干物质平均增速以及最大增速在两年的试验中均处于较高水平，表明在该施氮水平下可以加速青贮玉米干物质积累量。

5.3.4 施氮水平对青贮玉米干物质在各器官中分配的影响

干物质总量在各器官中的分配比例，随着青贮玉米植株的生长发育而发生变化。从拔节期到收获期，叶片作为青贮玉米干物质积累最主要的"源"，在干物质总量中的分配量逐渐降低。苗期及拔节期，干物质在叶片中的分配比例分别在 $58.28\%\sim80.46\%$、$52.60\%\sim68.79\%$；随着生育期推进，干物质在叶片中的分配比例逐渐下降，大喇叭口期、抽雄期和收获期分别在 $43.98\%\sim53.29\%$、$27.63\%\sim35.11\%$ 和 $10.71\%\sim15.17\%$。从拔节期至抽雄期，干物质主要在茎中积累；抽雄期后，积累的干物质逐渐向籽粒转运，收获期，干物质在籽粒中的分配比例高于其他器官，为 $37.95\%\sim52.41\%$。

通过对干物质总量在各器官中分配的影响因素显著性分析（表5-4），发现氮肥对苗期及拔节期干物质在茎、叶中的分配比例均无显著性影响（$P>0.05$）；大喇叭口期，施氮量显著影响干物质在叶片中的分配（$P<0.05$）；抽雄期显著影响干物质在茎及苞叶中的分配，其中干物质在茎中达到极显著水平（$P<0.01$）；收获期，除苞叶及穗轴外，氮肥极显著影响干物质在茎、叶、籽粒中的分配。

表 5-4　干物质总量在各器官中分配的影响因素显著性分析

因素	苗期		拔节期		大喇叭口期		抽雄期			收获期				
显著性	茎	叶	茎	叶	茎	叶	茎	叶	苞叶	茎	叶	苞叶	籽粒	穗轴
N	ns	ns	ns	ns	ns	*	**	ns	*	**	**	ns	**	ns
Y	**	**	ns	ns	**	**	**	ns	**	ns	ns	ns	ns	ns
N×Y	ns	ns	ns	ns	*	ns	*	**	ns	*	ns	ns	**	ns

注：N 代表施氮量，Y 代表年份；* 代表 $P<0.05$，差异显著；**代表 $P<0.01$，差异极显著；ns 代表 $P>0.05$，差异不显著。

通过对不同施氮水平间比较发现，在 2018 年，苗期干物质在茎、叶中的分配比例在不同施氮水平间无显著差异（$P>0.05$）（图 5-3）；在拔节期，除 N8 外，N0 处理干物质在叶片中的分配比例最高，为 62.01%，显著高于 N16、N20 及 N24 处理（$P<0.05$）。大喇叭口期，各施氮处理干物质在茎中的分配比例在 $52.52\%\sim56.02\%$，且各施氮处理间无显著性差异。从抽雄期后，苞叶及果穗作为"库"器官进行干物质积累，施入氮肥后的各处理干物质在苞叶中的分配比例均显著高于对照，N16 处理最高，为 5.72%，说明该处

理下"库"储存能力较大。在收获期，干物质在穗轴、苞叶及叶中的分配比例在各施氮水平间无显著性差异（$P>0.05$）；N12处理干物质在籽粒中的分配比例均显著高于其他施氮处理（$P<0.05$）；干物质在茎中的分配比例大小顺序依次为N16>N12>N0>N24>N20>N8。

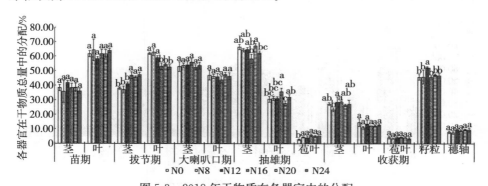

图5-3 2018年干物质在各器官中的分配

注：不同小写字母分别表示在0.05水平下不同施氮处理间差异显著。下同。

2019年，不同施氮水平间比较发现（图5-4），苗期、拔节期及大喇叭口期，干物质在茎中的分配比例随着施氮量的增加呈先增高后降低的变化趋势，干物质在叶中的分配比例随着施氮量的增加变化趋势与茎相反，其中苗期除N24处理外，其他施氮处理间干物质在茎中的分配比例无显著性差异（$P>0.05$），N8及N12处理干物质在叶中的分配比例分别为64.34％、58.28％，显著低于N16、N20、N24处理（$P<0.05$）。拔节期，干物质在茎、叶中的分配比例各施氮处理间均无显著性差异。大喇叭口期，相比对照，施入氮肥后的各处理干物质在茎中的分配比例均不同程度地增加，N20处理最高，为53.32％，比其他处理高出了8％~23％，表明施肥有利于营养器官的生长。抽雄期及收获期，N0处理，干物质在茎、叶中的分配比例均高于其他施氮处理，其中在抽雄期，N0处理干物质在茎中的分配比例为62.02％，显著高于其他处理，其他处理间无显著性差异；N16处理干物质在叶片中的分配比例最低，为28.13％，而干物质在苞叶中的分配比例最高为15.20％，显著高于对照及N20处理。收获期，N8、N12、N16、N20及N24处理间干物质在茎、叶、籽粒中的分配比例均无显著性差异，其中干物质在籽粒中的分配比例显著高于N0处理，大小顺序依次为N24>N12>N8>N16>N20。

在青贮玉米生长期，比较不同施氮水平间干物质在各器官中的分配比例发现，除2019年苗期外，2018年苗期及连续两年拔节期，干物质在叶片中的分配比例，对照及N8处理高于其他施氮处理；拔节期，高氮处理干物质在茎中的干物质总量中的分配比例则高于其他低氮处理。随着生育期推进，青贮玉米转向生殖生长。抽雄期，N16 处理干物质在苞叶中的分配比例最高，较其他处理高出 5.80% 以上；收获期，干物质在籽粒中的分配比例最高，除对照外，占到整株干重的 46% 以上，且 N8、N16、N20、N24 处理间无显著差异，表明在青贮玉米收获时，不同施氮量不影响干物质在籽粒中的分配。

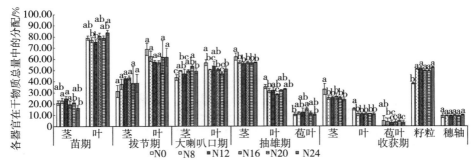

图 5-4 2019 年干物质在各器官中的分配

5.3.5 施氮水平对青贮玉米产量的影响

由表 5-5 可知，施入氮肥对青贮玉米生物鲜重及生物产量均造成极显著影响（$P < 0.01$）。2018 年、2019 年收获期，青贮玉米生物鲜重和生物产量以 N16 处理最高，N0 最低，其中 N12、N16 及 N20 处理间无显著性差异（$P > 0.05$）。2018 年、2019 年生物鲜重大小顺序分别依次为：N16＞N12＞N20＞N24＞N8＞N0、N16＞N20＞N12＞N8＞N24＞N0，N16 处理生物鲜重最高，2018 年及 2019 年分别为 91.63t/hm²、79.06t/hm²，较其他处理分别高出了 8.07%～65.88% 和 7.11%～59.84%。生物产量在 2018 年、2019 年大小顺序分别依次为 N16＞N24＞N20＞N12＞N8＞N0、N16＞N20＞N24＞N12＞N8＞N0，N16 处理生物产量最高，在 2018 年、2019 年分别为 38.75t/hm²、31.96t/hm²，较其他处理分别高出了 20.20%～93.97% 和 5.21%～100.72%，显著高于 N0、N8 处理（$P < 0.05$）。

表 5-5 不同施氮水平对青贮玉米生物鲜重和生物产量的影响

处理	生物鲜重/（t/hm²）		生物产量/（t/hm²）	
	2018 年	2019 年	2018 年	2019 年
N0	55.24±8.55B	49.46±0.74c	21.06±4.55C	15.92±0.24c
N8	76.85±1.78A	69.68±1.05b	28.31±1.20BC	26.45±0.40b
N12	84.79±2.94A	71.47±1.07ab	32.07±0.37AB	28.43±0.43ab
N16	91.63±10.01A	79.06±1.19a	38.75±3.99A	31.96±0.48a
N20	81.28±7.45A	73.81±1.11ab	32.15±4.45AB	30.38±0.46ab
N24	80.50±9.41A	66.12±0.99b	32.24±3.33AB	27.20±0.41b

（续）

处理	生物鲜重/（t/hm²）		生物产量/（t/hm²）	
	2018 年	2019 年	2018 年	2019 年
N	**		**	
Y	**		**	
N×Y	**		ns	

注：数据为平均值±标准误，不同大小写字母分别代表 2018 年及 2019 年处理间差异达到 $P<$ 0.05 显著水平；N 代表施氮量，Y 代表年份；* 代表 $P<0.05$，差异显著；** 代表 $P<0.01$，差异极显著；ns 代表 $P>0.05$，差异不显著。

青贮玉米施氮量与生物鲜重及生物产量的关系如图 5-5 所示。青贮玉米产量（Y）随施氮量（X）增加，呈二次项型正相关增长。

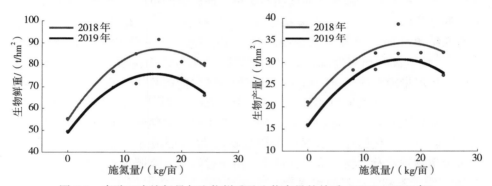

图 5-5　青贮玉米施氮量与生物鲜重及生物产量的关系（2018—2019 年）

2018 年、2019 年，青贮玉米生物鲜重（Y）和施氮量（X）间的回归方程分别为：

$$Y_{2018} = -0.123X^2 + 3.399\ 5X + 54.741 \quad (R^2 = 0.909)$$

$$Y_{2019} = -0.115X^2 + 3.508X + 49.024 \quad (R^2 = 0.957)$$

2018 年、2019 年，青贮玉米生物产量（Y）和施氮量（X）间的回归方程分别为：

$$Y_{2018} = -0.047X^2 + 1.625X + 20.337 \quad (R^2 = 0.716)$$

$$Y_{2019} = -0.055X^2 + 1.810X + 15.691 \quad (R^2 = 0.965)$$

比较分析表明，2018 年、2019 年，青贮玉米生物鲜重及生物产量均呈单峰曲线型变化，且随着氮肥施用量增加而增高，达到峰值后，氮肥继续投入，生物鲜重及生物产量逐渐下降。通过计算，2018 年、2019 年当施氮量分别为 13.82kg/亩、15.25kg/亩时，青贮玉米生物鲜重最高，当施氮量分别为 17.29kg/亩、16.45kg/亩时，青贮玉米生物产量达到峰值，因此，过量施入氮肥不仅不会使青贮玉米增产，还会使得产量降低。

5.4 讨论

5.4.1 施氮水平对青贮玉米干物质积累及产量的影响

作物的生长发育伴随着干物质的持续增长[157]，氮肥是农作物氮素营养的主要来源，适宜的施氮水平和施氮时期有利于作物高产[158]。本研究发现，除2018年苗期外，施入氮肥均会不同程度地增加青贮玉米各生育时期鲜重及干物质量，这可能是由于苗期青贮玉米所需要的养分少，而土壤可以为植株提供足够的营养。前人研究表明，施用氮肥可通过增加土壤氮素积累，促进作物生长，以及凋落物、根茬残体归还量的增加，同时根系分泌物也相应增加[159]，此外，玉米根长随着施氮量的增加而增长，增施氮肥可以有效提高玉米根系对养分的吸收作用[62]。但并非施氮量越高，越有利于青贮玉米产量的积累。大量研究结果表明，随着施氮量的增加，干物质积累呈现先升高后降低的趋势[160]，魏学敏[69]研究发现，试验区在青贮玉米与紫花苜蓿立体栽培条件下，青贮玉米产量随着施氮量的增加呈先增加后减少的趋势，施氮过量则会抑致作物的生长，最适施氮量为278.4～291.8kg/hm²，本研究结果与前人研究结果一致，在青贮收获时，青贮玉米生物鲜重及生物产量随着施氮量的增加呈现先增高后降低的变化趋势，以N16处理最高，N0对照最低，过量施氮会降低青贮玉米生物鲜重及生物产量。这可能是由于过量施入氮肥玉米光合势和净同化率降低[67]，不利于产量的积累。

大量研究表明，玉米干物质积累规律基本上遵循Logistic方程——"S"形曲线方程[161]。本研究中，各施氮处理干物质积累随时间的推移均符合Logistic模型，但由于不同施氮量间干物质的差异，其方程也有所差别，从而造成了各处理的干物质积累速率方程、最大增速、平均增速以及快速增长开始日期存在差异。施入氮肥可以提高青贮玉米干物质积累速率，N16及N20处理干物质平均增速以及最大增速在两年的试验中均处于较高水平，而过高的施氮量则会降低该指标，这与前人研究结果一致。李佳等[67]研究发现不同供氮水平下，玉米植株干物质积累速率均呈"S"形生长曲线，且施用氮肥能使玉米保持较高的干物质积累速率，有利于产量的形成。赵正雄等[162]研究也表明，中高氮水平处理的玉米植株在单位时间内增加的生物量远高于低氮处理。本研究发现各施氮处理下，青贮玉米干物质均在抽雄期—收获期开始快速增长，说明该时期是青贮玉米氮肥管理的关键时期，相比对照，施入氮肥推迟了快速增长开始期，这与前人研究结果不同[67]。可能是由于施入氮肥延长了玉米的生长期[163]，相比其他施氮处理，无氮肥施用的对照较早进入抽雄期，从而缩短了生长期。此外，本研究结果表明，N16、N20及N24处理在抽雄期—

收获期仍然具有较高的干物质积累速率，为 3.64～6.12g/d。王进军等[161]研究也同样发现，玉米在灌浆期到收获期，干物质增长速率较为平稳。这可能是因为青贮玉米相比普通玉米品种生育期长且收获期较早，而高氮处理可以为青贮玉米提供更多的氮素供应，延缓叶片衰老，促进地上部器官干物质积累，将更多生物产量转化为经济产量[164]。

5.4.2　施氮水平对青贮玉米干物质在各器官中分配的影响

干物质生产、积累、分配和转运是产量形成的重要前提[165,166]。玉米个体的干物质分配会随着生长中心的变化而转移，增施氮肥可以促进玉米干物质的转移及合理分配[167]。本研究结果表明，从苗期到大喇叭口期，不同施氮量对干物质在茎中的分配比例无显著影响，抽雄期到收获期，不同施氮量显著影响了抽雄期干物质在茎以及收获期茎、叶中的分配比例。这与张家铜等[168]研究结果一致。王友华等[62]研究也发现，在玉米苗期—拔节期，施氮量对干物质在各器官分配比例的影响不显著。氮肥供应充足有利于玉米生长后期同化物质的再分配。前人研究认为，在适宜条件下，促进干物质向生殖器官转移是提高产量的重要途径之一[169]，而玉米籽粒产量来源于抽雄期至成熟期形成的光合产物及叶、茎、鞘"临时性"贮藏器官向籽粒输送的光合产物[170]。本研究发现抽雄期 N16 及 N20 处理干物质在茎、叶中的分配比例最高，收获期 N16 及 N20 处理干物质在籽粒中的分配比例最高，表明适宜的施氮量，更有利于茎、叶中积累的干物质向籽粒转运[168]。

5.5　小结

（1）本研究表明，施入氮肥会不同程度地增加苗期后青贮玉米各生育时期株高、鲜重及干物质量，且从苗期到收获期，N16 及 N20 处理鲜重及干物质积累速率均高于其他处理，"种星青饲 1 号"苗期到大喇叭口期，茎中干物质量的分配比例不受施氮量的影响，抽雄期到收获期，施氮量间干物质转运量的差异导致干物质在茎、叶中的分配比例出现差别，其中 N16 及 N20 处理更有利于茎、叶中积累的干物质向生殖器官转运。

（2）在青贮收获期，青贮玉米生物鲜重及生物产量在 N16 处理最高，2018 年及 2019 年生物鲜重分别为 91.63t/hm²、79.06t/hm²，生物产量分别为 38.75t/hm²、31.96t/hm²。综合比较各施氮处理的干物质积累速率、器官间分配特征及产量，得出农牧交错区青贮玉米最佳施氮量为 240kg/hm²（N16处理）。

■ 第六章　施氮水平对青贮玉米光合特性的影响

光合作用是作物生长发育和产量形成的基础[54]。改善和提高作物光合机能潜力、提高光能利用率是突破作物产量的主要途径。氮素通过影响叶绿素、Rubisco 及光合器官结构而直接影响 CO_2 同化[171]，又通过影响植株生长发育而间接地对光合作用进行反馈调节[172]。氮肥的合理施用不仅可以提高光能利用率，而且对青贮玉米产量以及抗逆均有积极作用。青贮玉米的净光合速率在适宜的施氮量下均达到最大值，若进一步增加施氮量，则降低该值[61]。因此，明确农牧交错区青贮玉米光合特性的动态变化规律对于青贮玉米氮肥的合理施用以及提高产量具有重要意义。

6.1　测定指标及方法

叶面积指数的测定：叶面积指数＝叶长×最大叶宽×0.75，求出各叶位叶面积指数，累加得全株总面积指数。

相对叶绿素含量测定：使用叶绿素测定仪（TYS-B，浙江托普云农科技股份有限公司）测定青贮玉米叶片叶绿素含量。选取 5 株长势均匀的青贮玉米植株，用无破损的健康叶片进行测定，在苗期、拔节期及大喇叭口期测定最大展开叶，抽雄期及收获期测定穗位叶叶绿素含量。

光合参数的测定：选择无风或微风的晴天，采用美国 LI-COR 公司的 LX-6800 便携式光合系统分析仪，测定最大展开叶（苗期、拔节期、大喇叭口期）及穗位叶（抽雄期、收获期）净光合速率（P_n）、气孔导度（G_s）、蒸腾速率（T_r）、胞间 CO_2 浓度（C_i）。每处理随机选取 5 株长势均匀的叶片进行测定，取平均值。先感应开始测定时的阳光强度，把人工光源设定为该光照强度进行测定，环境温度控制到 ±10℃，测定时气流速为 $400\mu mol/s$，样品室 CO_2 浓度设定为 $400\mu mol\ CO_2/mol$，叶片饱和水汽压亏缺（VPD）设置为 2.5kPa，叶室面积为 $3cm^2$。

6.2　数据处理与分析方法

采用 Excel 2010 整理数据；使用统计分析软件 SPSS 25.0 进行方差分析

和因素显著性分析，使用 GraphPad. Prism. v5.0 绘图，不同处理之间多重比较采用最小显著差异法（LSD）。

采用 SPSS 25.0 分析青贮玉米各光合指标与鲜重及干物质间的相关系数，将各生育期鲜重、干物质量以及各光合指标导入 SPSS 中，计算 Pearson（皮尔逊）相关性。

6.3 试验结果

6.3.1 施氮水平对青贮玉米叶绿素含量的影响

青贮玉米叶绿素含量随着玉米的生长而发生变化。2018 年随生育期的推进，不同施氮处理表现不一（图 6-1A），N0 处理在各生育期叶绿素含量大小顺序为抽雄期>拔节期>收获期>苗期>大喇叭口期，其他施氮处理大小顺序为抽雄期>收获期>拔节期>大喇叭口期>苗期；2019 年，不同施氮处理下青贮玉米叶绿素含量随着生育期推进，均呈现先增加后降低的单峰曲线变化趋势，最大值出现在抽雄期（图 6-1B），表明抽雄期是青贮玉米生长过程中叶绿素含量最多的生育时期。

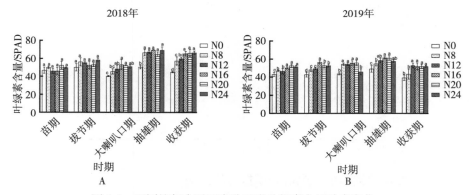

图 6-1 不同施氮水平下青贮玉米叶绿素含量动态变化

注：A、B 分别代表 2018 年及 2019 年青贮玉米不同生育时期光合指标；垂直线条代表标准误；不同小写字母代表处理间差异达到 $P<0.05$ 显著水平；下同。

不同施氮处理间比较发现，从苗期到拔节期，2018 年施入氮肥对青贮玉米叶绿素含量无显著性影响（表 6-1）（$P>0.05$）。2019 年苗期到拔节期，叶绿素含量随着施氮量的增加先增高后降低，苗期及拔节期分别在 N20 处理及 N16 处理达到最大值，分别为 52.80 SPAD、56.70 SPAD。大喇叭口期，叶绿素含量随着施氮量的增加呈先增高后降低的变化趋势，N16（53.23 SPAD）、N20（56.02 SPAD）分别为 2018 年和 2019 年最大值。在抽雄期，施氮各处理叶绿素含量显著高于 N0（$P<0.05$），且 N12、N16、N20 及 N24

处理间无显著性差异。收获期，2018 年叶绿素含量随着施氮量的增加而逐渐增高，N24 处理最高，为 66.77 SPAD，较其他处理高出 0.66%～48.93%，2019 年收获期叶绿素含量随着施氮量的增加先增加后降低，N12 处理最高，为 53.02 SPAD。

两年施氮对叶绿素含量影响表明，青贮玉米叶绿素含量均在抽雄期达到最大值，且除 2019 年拔节期 N16 处理显著性高于其他施氮处理外，其他生育时期 N16、N20 及 N24 处理间均无显著性差异，表明增施氮肥可以增加青贮玉米叶绿素含量，而过量施入氮肥对叶绿素含量的增加无明显作用。

表 6-1　氮肥对青贮玉米光合特性影响方差分析

项目	因素显著性		苗期	拔节期	大喇叭口期	抽雄期	收获期
叶绿素含量	2018 年	氮肥	ns	ns	**	**	**
	2019 年	氮肥	**	**	**	**	**
叶面积指数	2018 年	氮肥	ns	*	*	*	**
	2019 年	氮肥	**	**	**	**	**
净光合速率 P_n	2018 年	氮肥					
	2019 年	氮肥	*	**	**	**	**
胞间 CO_2 浓度 C_i	2018 年	氮肥	**	**	**	**	**
	2019 年	氮肥	**	**	**	**	**
蒸腾速率 T_r	2018 年	氮肥	**	**	**	**	**
	2019 年	氮肥	**	**	**	**	**
气孔导度 G_s	2018 年	氮肥	**	**	**	**	**
	2019 年	氮肥	**	**	**	**	**

注：**、* 分别表示在 0.01、0.05 水平差异显著。

6.3.2　施氮水平对青贮玉米叶面积指数的影响

各施氮处理叶面积指数随着青贮玉米生长，均呈先增加后降低的单峰曲线变化趋势，最大值出现在抽雄期（图 6-2）。不同施氮处理间比较发现，随着施氮水平的增加，叶面积指数在各生育时期均呈先增加后降低的变化趋势，N16 处理最高。2018 年苗期，不同施氮水平间叶面积指数无显著性差异（表 6-1），2018 年从拔节期到收获期及 2019 年各生育时期，N16 处理显著高于 N0（$P<0.05$），较 N0 高出了 1.25%～208.03%。2018 年各生育时期及 2019 年苗期到抽雄期 N12 及 N16 两个处理间无显著性差异，2019 年收获期，N16 处理叶面积指数为 4.70，显著性高于除 N20 外的其他处理。

综合比较两年施氮对叶面积指数的影响发现，青贮玉米叶面积指数在抽雄期达到最大值。叶面积指数在各生育时期随着施氮水平的增加均呈先增加后降低的变化趋势，N16 处理最高，表明氮肥用量过多或不足均可能影响叶面积指数，而适量地增施氮肥有利于提高叶面积指数。

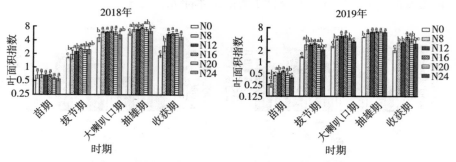

图 6-2　不同施氮水平下青贮玉米叶面积指数动态变化

6.3.3　施氮水平对青贮玉米净光合速率的影响

各施氮水平下青贮玉米净光合速率随着生育期的推进均呈先升高后降低的单峰曲线变化趋势。2019 年 N0、N8 处理，净光合速率大小顺序依次为抽雄期＞大喇叭口期＞拔节期＞收获期＞苗期，其他施氮处理均表现为抽雄期＞大喇叭口期＞拔节期＞收获期＞苗期（图 6-3）。

不同施氮处理间比较发现，氮肥对各生育时期净光合速率均有显著性影响（$P<0.05$）（表 6-1），随着施氮水平的增加，净光合速率均呈先增加后降低的变化趋势，除收获期外其他生育时期均在 N16 处理达到峰值。表明青贮玉米在氮肥用量过多或不足的条件下光合速率会受到抑制，而 N16 处理则表现较好。苗期，净光合速率在各施氮处理间均有显著性差异，2018 年及 2019 年 N16 处理分别较其他施氮处理高出了 3.18%～57.72%、13.19%～43.25%；2018 年、2019 年拔节期，各施氮处理净光合速率由高到低分别依次为：N16＞N20＞N12＞N24＞N8＞N0、N16＞N12＞N20＞N8＞N24＞N0，其中 2019 年 N16 与 N12 处理间无显著性差异（$P>0.05$）；大喇叭口期，N16 与 N20 处理净光合速率最高，且相互间无显著性差异；2018 年抽雄期 N16 处理净光合速率为 $36.30\mu mol/（m^2 \cdot s）$，显著性高于其他施氮处理，2019 年抽雄期 N12、N16、N20 及 N24 处理显著高于其他低氮处理，且相互间无显著性差异；收获期 N20 处理净光合速率最高，2018 年、2019 年分别为 $32.82\mu mol/（m^2 \cdot s）$、$34.52\mu mol/（m^2 \cdot s）$，其中 2018 年 N16、N20、N24 处理间无显著性差异。

综合比较两年施氮对净光合速率的影响发现，随着生育期的延长，青贮玉米净光合速率呈先升高后降低的变化趋势，抽雄期最高，表明抽雄期是青贮玉米生成光合产物的关键时期。随着施氮水平的增加，净光合速率均呈先增加后降低的变化趋势，苗期到抽雄期，N16 处理最高，收获期 N20 处理最高，表明在一定施氮量范围内，青贮玉米净光合速率随着施氮量的增加而增高，当超过该施氮范围后，增施氮肥降低了青贮玉米净光合速率。

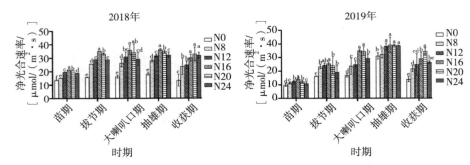

图 6-3　不同施氮水平下青贮玉米净光合速率动态变化

6.3.4　施氮水平对青贮玉米胞间 CO_2 浓度的影响

各施氮水平下胞间 CO_2 浓度随着青贮玉米生长变化趋势一致，均呈先降低后升高的变化趋势。2018 年 N0 处理及 2019 年 N8、N12、N16、N24 处理大小顺序依次为苗期＞拔节期＞收获期＞大喇叭口期＞抽雄期，其余施氮处理胞间 CO_2 浓度均表现为苗期＞拔节期＞大喇叭口期＞收获期＞抽雄期（图 6-4）。表明相比其他生育时期，抽雄期降低了青贮玉米叶片胞间 CO_2 浓度。

不同施氮处理间比较发现，施入氮肥对各生育时期胞间 CO_2 浓度的影响显著（$P<0.05$）（表 6-1），且随着施氮水平的增加，胞间 CO_2 浓度在各生育时期均呈先降低后增加的变化趋势，在 N16 及 N20 处理降至最小值。苗期 N16 处理胞间 CO_2 浓度显著低于其他施氮处理（$P<0.05$），2018 年及 2019 年苗期 N16 处理胞间 CO_2 浓度较其他施氮处理分别低 2.82％～48.06％、5.39％～41.48％；2018 年、2019 年拔节期，各施氮处理胞间 CO_2 浓度由高到低分别依次为：N0＞N8＞N24＞N12＞N20＞N16、N0＞N24＞N8＞N20＞N12＞N16，而且 N16 处理与 N20 处理间无显著性差异；大喇叭口期，2018 年、2019 年分别在 N16 及 N20 处理胞间 CO_2 浓度最低，分别为 82.47μmol/（$m^2 \cdot s$）、62.32μmol/（$m^2 \cdot s$），而且 N16、N20、N24 处理间无显著性差异（$P>0.05$）；2018 年抽雄期 N16 处理胞间 CO_2 浓度最低，为 38.17μmol/（$m^2 \cdot s$），显著低于除 N12 外其他施氮处理，2019 年 N20 处理胞间 CO_2 浓度最低，为 39.81μmol/（$m^2 \cdot s$），显著低于 N0、N8 及 N12 处理，与 N16、N24 处理间无显著性差异；收获期 N20 处理胞间 CO_2 浓度最低，2018 年、2019 年分别为 70.36μmol/（$m^2 \cdot s$）、60.37μmol/（$m^2 \cdot s$），其中 2018 年 N12、N16、

N20、N24 处理间无显著性差异，2019 年 N20 处理显著性低于其他施氮处理。

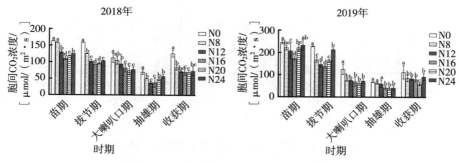

图 6-4　不同施氮水平下青贮玉米胞间 CO_2 浓度动态变化

6.3.5　施氮水平对青贮玉米蒸腾速率的影响

各施氮水平下青贮玉米蒸腾速率随着生育期的推进均呈先升高后降低的单峰曲线变化趋势，在抽雄期达到最大值，表明青贮玉米抽雄期蒸腾作用最强。2018 年 N0、N8 处理的蒸腾速率表现为：抽雄期＞收获期＞大喇叭口期＞拔节期＞苗期，N12、N16 处理表现为：抽雄期＞大喇叭口期＞拔节期＞苗期＞收获期，N20 及 N24 处理表现为：抽雄期＞大喇叭口期＞拔节期＞收获期＞苗期；2019 年各施氮处理蒸腾速率均表现为：抽雄期＞大喇叭口期＞拔节期＞收获期＞苗期（图 6-5）。

不同施氮处理间比较发现，施入氮肥对各生育时期蒸腾速率的影响均显著（$P<0.05$）。随着施氮水平的增加，除 2019 年苗期外，其他生育时期蒸腾速率均呈先升高后降低的变化趋势，2018 年收获期 N20 处理蒸腾速率最高，其他生育时期均在 N16 处理达到峰值。2018 年苗期 N16 处理蒸腾速率最高为 3.65mmol/（m^2·s），显著高于除 N12 外的其他施氮处理（$P<0.05$），2019 年苗期蒸腾速率随施氮量的增加呈先降低后增高的变化趋势，由高到低依次为：N0＞N24＞N8＞N20＞N12＞N16，N0 显著性高于其他施氮处理；拔节期及大喇叭口期 N16 处理蒸腾速率均显著高于其他施氮处理，其中拔节期 N16 处理在 2018 年、2019 年分别较其他施氮处理高出了 25.39%～61.89%、0.91%～2.16%；大喇叭口期，N16 处理在 2018 年、2019 年蒸腾速率分别较其他施氮处理高出了 25.03%～51.30%、1.33%～3.93%；抽雄期 N16 处理蒸腾速率最高，2018 年、2019 年分别为 9.40mmol/（m^2·s）、4.03mmol/（m^2·s），其中 2018 年 N12 与 N16 处理间无显著性差异（$P>0.05$）；2018 年、2019 年收获期蒸腾速率分别在 N20 [3.70mmol/（m^2·s）]、N16 [3.76mmol/（m^2·s）] 处理下达到最大值，且显著高于其他施氮处理。

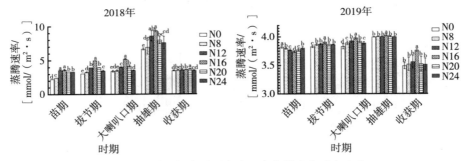

图 6-5　不同施氮水平下青贮玉米蒸腾速率动态变化

6.3.6　施氮水平对青贮玉米气孔导度的影响

各施氮水平下青贮玉米叶片气孔导度随着生育期的推进呈先升高后降低的单峰曲线变化趋势，抽雄期达到峰值。2018 年各施氮处理气孔导度大小顺序依次为抽雄期＞大喇叭口期＞收获期＞拔节期＞苗期，2019 年各施氮处理气孔导度均表现为抽雄期＞收获期＞大喇叭口期＞拔节期＞苗期的变化趋势（图 6-6）。

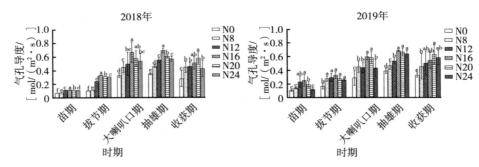

图 6-6　不同施氮水平下青贮玉米气孔导度动态变化

不同施氮处理间比较发现，氮肥对各生育时期气孔导度均有显著性影响（$P < 0.05$）（表 6-1），随着施氮水平的增加，各生育时期气孔导度均呈先增高后降低的变化趋势，收获期 N20 处理最高，其他生育时期均在 N16 处理达到峰值，表明氮肥用量过多或不足均会不同程度地降低青贮玉米气孔导度，而适量地增施氮肥有利于气孔导度的增高。苗期 N16 处理在 2018 年、2019 年分别为 0.12mol/（m²・s）、0.25mol/（m²・s），其中 2019 年 N12、N16 处理间无显著性差异（$P < 0.05$）；2018 年拔节期 N16 处理气孔导度较其他处理高出了 4.64%～224.24%，且显著高于其他施氮处理，2019 年拔节期 N8、N12、N16、N20 及 N24 处理间无显著差异（$P > 0.05$）；大喇叭口期 N16 与 N20 处理气孔导度最高，且相互间无显著差异；抽雄期各施氮处理气孔导度由高到低依次为 N16＞N20＞N24＞N12＞N8＞N0；2018 年、2019 年收获期气孔导度均在 N20 处理最高，分别为 0.58mol/（m²·s）、0.54mol/（m²·s），且 N16 与 N20 处理间无显著差异（P＞0.05）。

6.3.7　光合特性指标与鲜重、干物质的相关性

表 6-2　青贮玉米光合特性指标及干鲜重之间的线性相关系数

项目	叶绿素含量	叶面积指数	气孔导度（G_s）	净光合速率（P_n）	蒸腾速率（T_r）	胞间 CO_2 浓度（C_i）	鲜重	干物质量
叶绿素含量	1							
叶面积指数	0.62**	1						
气孔导度 G_s	0.36**	0.40**	1					
净光合速率 P_n	0.64**	0.79**	0.50**	1				
蒸腾速率 T_r	0.57**	0.57**	0.46**	0.36**	1			
胞间 CO_2 浓度 C_i	−0.56**	−0.82**	−0.47**	−0.82**	−0.40**	1		
鲜重	0.60**	0.86**	0.36**	0.67**	0.41**	−0.79**	1	
干物质量	0.40**	0.48**	0.17	0.37**	0.08	−0.53**	0.84**	1

注：**、* 分别表示在 0.01、0.05 水平差异显著。

由表 6-2 可知，除了干物质量与气孔导度及蒸腾速率无显著相关外，青贮玉米其他光合特性指标与鲜重、干物质量间均存在极显著相关关系，其中与胞间 CO_2 浓度间为极显著负相关，与其他指标间为极显著正相关，表明青贮玉米鲜重及干物质量与光合指标间紧密相关。青贮玉米鲜重与光合指标中的叶面积指数间相关性系数最高，为 0.86，表明叶面积指数是影响青贮玉米光合产物生产的重要因素。

对青贮玉米光合特性指标间的相互关系比较发现，各光合指标间均存在极显著的相关性。胞间 CO_2 浓度与其他光合指标间均为负相关，相关性系数在 −0.82～−0.40，其他光合指标间均为正相关关系，其中净光合速率与叶面积间的相关系数最高，为 0.79。

6.4 讨论

6.4.1 青贮玉米光合特性对氮肥施入的响应

合理的氮肥运筹模式可使玉米保持较高的净光合速率和单株光能能力[173]。本研究表明，施氮量在0～300kg/hm² 范围内，青贮玉米叶面积指数、叶绿素含量、净光合速率、蒸腾速率以及气孔导度等随着施氮量的增加而增高，当超过 300kg/hm² 后，增施氮肥降低了各项光合指标，这与前人研究结果一致。郑宾等[174]研究认为，施氮对于提高玉米抽雄期叶绿素含量和增强叶片光合速率作用明显，且有助于稳定叶片衰老后期的光合能力。吴亚男等[175]对不同密度及施氮量对玉米群体光合性能的影响进行研究表明，适当的施氮量不仅可以使玉米群体维持较高的叶面积指数，漏光损失减少，而且可以提高叶片净光合速率，延缓中后期叶片衰老进程。郭喜军等[176]研究也表明，与不施氮对照相比，施氮在降低了玉米叶片胞间 CO_2 浓度的同时提高了光合速率、气孔导度以及蒸腾速率，能够增强玉米叶片光合作用。这可能是因为施入氮肥显著改善了玉米叶片营养状况，提高了对强光的利用能力，改善叶片生理活性以及 PSⅡ 整个电子传递链的性能和受体侧电子传递能力，提高 SOD、POD 活性，但施氮过量可以引起较严重的光合功能损伤，导致生育后期强光抑制[177]。Evans 等[178]报道，供氮过多会使叶片 C/N 值过低、氮代谢旺盛以及光合产物输出率降低，造成光合产物对光合器官的反馈抑制，从而不利于干物质的积累。王洪飞[179]研究表明，氮肥过多会导致叶片钾离子缺乏而影响气孔的开放调节，进而降低光合速率。本研究中，从苗期到抽雄期，净光合速率、蒸腾速率以及气孔导度在 N16 处理下最高；而收获期，N20 处理各项光合指标高于其他施氮处理，且与 N16 处理无显著性差异，这与青贮玉米收获期为灌浆中期[180]，此时青贮玉米生物量仍然在积累等有关。

6.4.2 青贮玉米光合指标、干物质量、鲜重间的相互关系

提高叶片的光合性能是增加作物产量水平的根本[181]。本研究表明，青贮玉米鲜重及干物质量与光合指标间紧密相关，其中与叶面积、叶绿素以及净光合速率的相关性系数最高，在 0.37～0.86，这与前人研究结果一致。光合作用为作物产量的形成提供了主要的物质基础，90% 以上的干物质来源于光合生产[182]。Ye 等[183]研究认为，禾本科作物的经济产量主要依赖于开花后到成熟期光合代谢产物的积累，且产量与光合速率呈正相关。叶绿素在植株体内负责光能吸收、传递和转化，叶面积作为植物截获光能的物质载体，其大小与玉米群体光能截获能力呈正相关[184]。焦念元等[185]研究认为，在强光下，间作玉

米通过提高叶绿素 a 含量来增加光反应中心，促进吸收较多光能进行光反应，提高净光合速率。叶片的净光合速率、气孔导度、胞间 CO_2 浓度以及蒸腾速率随外界环境变化而变化，同时它们之间也存在紧密的联系。本研究中，胞间 CO_2 浓度与其他光合指标间均为负相关，其他光合指标间均存在正相关关系，这与张德健等[186]研究的玉米光合速率结果一致。关于玉米光合特性指标间的相互关系，Farquhar 等[187]认为气孔导度及胞间 CO_2 浓度的变化是检验气孔限制是否为光合速率下降原因的两个因素。本研究中，气孔导度及胞间 CO_2 浓度与净光合速率的相关性指数分别为 0.50 及 -0.82，呈极显著相关，表明气孔导度及胞间 CO_2 浓度对青贮玉米光合速率影响显著。

6.5　小结

（1）本研究表明，施入氮肥不同程度增加了青贮玉米各生育时期叶面积指数、叶绿素含量、净光合速率、蒸腾速率以及气孔导度，施氮处理各光合指标随生育期的推进表现为抽雄期＞大喇叭口期＞拔节期＞苗期的变化趋势。

（2）净光合速率、叶面积指数、气孔导度、蒸腾速率与玉米鲜重及干物质量间呈正相关，与胞间 CO_2 浓度间呈负相关。胞间 CO_2 浓度随着施氮水平的增加呈先降低后升高的变化趋势，其余各项光合指标随着施氮水平的增加呈先增加后降低的变化趋势，最大值主要分布在 N16 处理。在青贮玉米生长旺盛的抽雄期，N16 处理在 2018 年、2019 年净光合速率分别为 $36.30\mu mol/$ （$m^2 \cdot s$）、$39.31\mu mol/$ （$m^2 \cdot s$）。

综合各施氮处理的光合特性分析得出，N16 处理叶面积指数、净光合速率、气孔导度和蒸腾速率高于其他施氮处理，更加有利于青贮玉米生长及干物质的形成。

■ 第七章 施氮水平对青贮玉米营养品质的影响

青贮玉米作为饲料，其产品优劣的主要指标是饲喂品质。普遍认为，青贮玉米对氮肥反应敏感，在适量氮肥范围内，增施氮肥能有效提高产量与饲草品质，而少施或过量施用氮肥则会使叶片提早衰老或贪青生长，从而影响产量和品质。因此，研究不同施氮水平下青贮玉米的饲用营养品质，明确氮肥最佳施用量，可为提高青贮玉米饲喂品质提供科学依据。

7.1 测定指标及方法

在青贮收获期[156]测定产量的同时，从各施氮处理中随机选取长势均匀的 10 株青贮玉米，用粉碎机粉碎后（保证果穗完全粉碎），搅拌均匀，从中选取 1kg 搅拌均匀的青贮玉米样品放入布袋中，在 105℃的烘箱中杀青 30min 后，60℃烘干至恒重，用小型粉碎机充分粉碎，过 40 目筛，放入塑封袋中封口备用。

使用近红外漫反射光谱法，测定样品营养品质，包括粗蛋白（crude protein，CP）含量、粗脂肪（ether extract，EE）含量、淀粉（starch）含量、中性洗涤纤维（neutral detergent fiber，NDF）含量以及酸性洗涤纤维（acid detergent fiber，ADF）含量，并计算相对饲用价值（relative feed valune，RFV）。

7.2 数据处理与分析方法

采用 Excel 2010 整理数据；使用统计分析软件 SPSS 25.0 进行方差分析和因素显著性分析，使用 GraphPad. Prism. v5.0 绘图，不同处理之间多重比较采用最小显著差异法（LSD）。采用 SPSS 25.0 分析青贮玉米品质指标及与产量间的相关系数，将收获时测产的生物鲜重、生物产量以及各品质指标导入 SPSS 中，计算了 Pearson（皮尔逊）相关性。

相对饲用价值（RFV）计算方法：

$$RFV = (DDM \times DMI) / 1.29$$
$$DDM = 88.9 - 0.799 \times ADF$$
$$DMI = 120 / NDF$$

式中：DDM 为可消化干物质（%）；DMI 为粗饲料干物质随意采食量（%）。

7.3 试验结果

7.3.1 施氮水平对青贮玉米粗蛋白含量的影响

粗蛋白（CP）含量是体现青贮玉米饲用价值的重要指标，粗蛋白中含有各类动物必需的氨基酸，为牛、羊等畜牧类动物提供优质的蛋白。由表 7-1 得出，不同施氮水平对青贮玉米 CP 含量的影响达到极显著性水平（$P < 0.01$）；2019 年各施氮处理 CP 含量均小于 2018 年（图 7-1）。随着施氮量的增加，"种星青饲 1 号" CP 含量在两年的试验中均呈先增加后降低的变化趋势，2018年、2019 年最大值分别在 N16 处理及 N20 处理，分别为 7.75%、6.57%。2018 年，各施氮处理 CP 含量大小顺序依次为：N16＞N20＞N24＞N12＞N8＞N0，其中 N16 处理分别较 N0、N8、N12、N20、N24 处理 CP 含量高出了 52.36%、17.66%、5.11%、3.66%、4.31%，且 N16 处理显著高于其他处理（$P < 0.05$）；2019 年，各施氮处理 CP 含量大小顺序依次为 N20＞N16＞N12＞N24＞N8＞N0，其中 N20 处理 CP 含量最高，为 6.57%，N16 和 N20相互间无显著性差异（$P > 0.05$），N0 处理 CP 含量最低为 4.03%，显著低于其他施入氮肥的处理，N8、N12 和 N24 处理 CP 含量分别为 5.40%、6.16%和 6.12%，其中 N12 与 N24 处理间无显著性差异。

表 7-1 氮肥对青贮玉米营养品质影响方差分析

项目	年份	粗蛋白 （CP）	粗脂肪 （EE）	淀粉 （starch）	中性洗涤纤维 （NDF）	酸性洗涤纤维 （ADF）	相对饲用价值 （RFV）
氮肥	2018 年	**	*	*	**	**	**
	2019 年	**	**	**	**	**	**

注：**、* 分别表示在 0.01、0.05 水平差异显著。

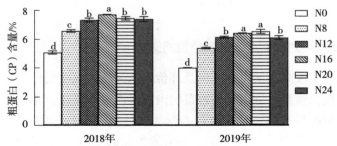

图 7-1 不同施氮水平对青贮玉米粗蛋白含量的影响（2018—2019 年）

注：垂直线条代表标准误，不同小写字母代表各施氮处理间差异达到 $P < 0.05$ 显著水平；下同。

7.3.2 施氮水平对青贮玉米粗脂肪含量的影响

粗脂肪（EE）不仅可以给牲畜提供必要的能量，维持其基本的生命活动，而且可以提高动物的消化率，改善饲料报酬。不同施氮水平对青贮玉米 EE 含量具有显著性影响（$P<0.05$）（表 7-1）；2019 年各施氮处理 EE 含量均小于2018 年（图 7-2）。随着施氮量的增加，"种星青饲 1 号" EE 含量在两年的试验中均呈先增加后降低的变化趋势，2018 年、2019 年最大值分别在 N20 处理和 N16 处理，分别为 2.61%、2.42%。2018 年，各施氮处理 EE 含量大小顺序依次为：N20>N24>N16> N12>N8>N0，其中 N0 处理 EE 含量最低，为 2.27%，N8、N12、N16、N20、N24 分别较 N0 高出了 8%、10%、11%、13%、12%，且施入氮肥后各处理间无显著性差异（$P>0.05$）。2019 年，各施氮处理 EE 含量大小顺序依次为：N16>N12>N20>N24>N8>N0，其中N16 处理 EE 含量最高，为 2.42%，显著高于其他施氮处理（$P>0.05$），N0处理 EE 含量最低，为 1.75%，与其他施氮处理间有显著性差异（$P<0.05$），N8、N12 及 N24 处理 EE 含量分别为 5.40%、6.16%、6.12%，相互间无显著性差异。

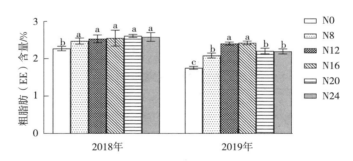

图 7-2　不同施氮水平对青贮玉米粗脂肪含量的影响
（2018—2019 年）

7.3.3 施氮水平对青贮玉米淀粉含量的影响

青贮玉米中较高的淀粉含量也是评价玉米品质的重要指标之一，淀粉可以直接为动物提供能量，进而提高牲畜的肉、奶产量和品质。不同施氮量对青贮玉米淀粉含量的影响达到显著水平（$P<0.05$）（表 7-1）。2019 年各施氮处理淀粉含量均小于 2018 年（图 7-3）。随着施氮量的增加，"种星青饲 1 号"淀粉含量在两年的试验中均呈先增加后降低的变化趋势，2018 年、2019 年最大值分别在 N12 处理及 N16 处理，分别为 37.17%、34.92%。2018 年，各施氮处

理淀粉含量大小顺序依次为：N12＞N24＞N16＞N8＞N0＞N20，其中 N12 处理显著高于其他施氮处理，N8、N12、N16、N20、N24 淀粉含量分别为34.27％、37.17％、34.34％、33.85％、34.46％，且各处理间无显著性差异（P＞0.05）。2019 年，各施氮处理淀粉含量大小顺序依次为：N16＞N12＞N8＞N20＞N24＞N0，其中 N12 处理与 N16 处理淀粉含量最高，分别为34.79％、34.92％，且相互间无显著性差异，N0 淀粉含量最低，为 24.83％，显著低于其他施氮处理，说明增加氮肥施入量增加了青贮玉米中的淀粉含量，N8、N20 及 N24 处理淀粉含量分别为 31.60％、30.62％、30.34％，N20 处理与 N8 及 N24 处理间均无显著性差异。

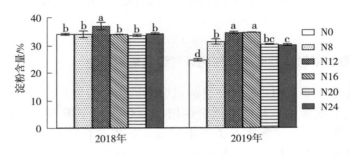

图 7-3　不同施氮水平对青贮玉米淀粉含量的影响（2018—
　　　　2019 年）

7.3.4　施氮水平对青贮玉米中性洗涤纤维含量的影响

中性洗涤纤维（NDF）是反刍动物瘤胃内产生挥发性脂肪酸的主要底物，并在消化道中起填充作用，有促进胃肠蠕动和消化的功能。不同施氮水平对青贮玉米 NDF 含量的影响达到极显著水平（P＜0.01）（表 7-1）。2019 年，各施氮处理 NDF 含量均大于 2018 年。随着施氮量的增加，"种星青饲 1 号"NDF 含量在两年的试验中均呈先降低后增高的变化趋势，N0 处理 NDF 含量最高，2018 年、2019 年分别为 39.65％、49.86％。2018 年，各施氮处理NDF 含量大小顺序依次为：N0＞N8＞N24＞N20＞N16＞N12，其中 N12 处理和 N16 处理 NDF 含量最低，分别为 35.84％、36.98％，且相互间无显著差异，N8、N20、N24 处理的 NDF 含量分别为 38.50％、37.74％、38.13％，各处理间无显著性差异（P＞0.05）；2019 年，各施氮处理 NDF 含量大小顺序依次为：N0＞N24＞N8＞N20＞N12＞N16，其中 N12 处理 NDF 最低，为39.29％，N0 处理 NDF 含量最高，为 49.86％，显著高于其他施入氮肥的处理，说明增加氮肥施入量降低了青贮玉米中的 NDF 含量，N8、N20 及 N24处理 NDF 含量分别为 42.66％、42.62％、42.69％，且相互间均无显著性差异（图7-4）。

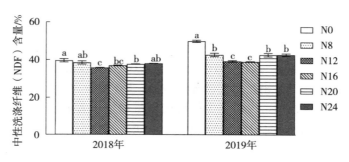

图7-4　不同施氮水平对青贮玉米中性洗涤纤维含量的影响（2018—2019年）

7.3.5　施氮水平对青贮玉米酸性洗涤纤维含量的影响

酸性洗涤纤维（ADF）是评价饲料中能量高低的重要指标之一，与青贮饲料的消化率成反比，其值越低，饲用价值越高，ADF对动物的采食量影响很大，且跟粗饲料降解率有关。不同施氮处理对青贮玉米ADF含量的影响达到极显著水平（$P<0.01$）（表7-1）。2019年，各施氮处理ADF含量均大于2018年，表明连续施氮增加了青贮玉米酸性洗涤纤维含量。随着施氮量的增加，"种星青饲1号"ADF含量在两年的试验中变化趋势不一，2018年随着施氮量的增加ADF含量逐渐降低，2019年则呈先降低后增高的变化趋势，最小值在N16处理，为22.78%；N0处理ADF含量在两年的试验中均显著高于其他施氮处理，在2018年、2019年分别为23.64%、30.29%。2018年，各施氮处理ADF含量大小顺序依次为：N0＞N8＞N12＞N16＞N20＞N24，N24处理ADF含量最低，为19.45%，N12、N16、N20处理ADF含量分别为20.47%、20.41%、20.26%，且N12、N16、N20及N24处理间均无显著差异（$P>0.05$），N8处理ADF含量为20.86%，显著高于N24处理（$P<0.05$）；2019年，各施氮处理ADF含量大小顺序依次为：N0＞N8＞N24＞N20＞N12＞N16，其中N12处理与N16处理ADF含量最低，分别为22.91%、22.78%，且相互间无显著性差异，N0处理ADF含量最高，为30.29%，分别较N8、N12、N16、N20及N24处理高出了20.37%、32.21%、32.97%、22.30%、21.00%，表明增加氮肥施入量降低了青贮玉米中的ADF含量，N8、N20及N24处理ADF含量分别为25.16%、24.77%、25.03%，且相互间均无显著性差异（图7-5）。

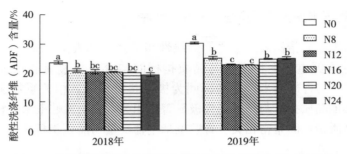

图 7-5 不同施氮水平对青贮玉米酸性洗涤纤维含量（%DM）的影响（2018—2019 年）

7.3.6 施氮水平对青贮玉米相对饲用价值的影响

相对饲用价值（RFV）是评价饲料经济性状的重要指标之一，是 ADF 及 NDF 的综合反应，青贮玉米相对饲用价值越高，说明其营养价值越高。不同施氮处理对青贮玉米 RFV 的影响达到极显著水平（$P<0.01$）（表 7-1）。2018 年各施氮处理 RFV 均大于 2019 年。随着施氮量的增加，"种星青饲 1 号" RFV 在两年的试验中均呈先增高后降低的变化趋势，均在 N16 处理最高，2018 年为 183.0，较其他处理高出了 1.57%～10.63%，2019 年为 169.65，较其他处理高出了 0.84%～39.23%；N0 处理 RFV 在两年的试验中均显著低于其他施氮处理，在 2018 年、2019 年分别为 165.47、121.85。2018 年，各施氮处理青贮玉米 RFV 大小顺序依次为：N16＞N12＞N20＞N24＞N8＞N0，施入氮肥后各处理，RFV 在 175.63～183.07 范围内，且相互间无显著性差异；2019 年，各施氮处理青贮玉米 RFV 大小顺序依次为：N16＞N12＞N24＞N8＞N20＞N0，其中 N12 处理与 N16 处理 RFV 高于其他处理，分别为 168.24、169.65，且相互间无显著性差异，N0 处理 RFV 最低，为 121.85，与对照相比，N8、N12、N16、N20 及 N24 处理 RFV 分别较 N0 高出了 20%、28%、28% 及 23%，表明施入氮肥增加了青贮玉米 RFV（图 7-6）。

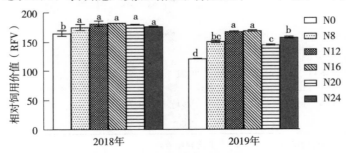

图 7-6 不同施氮水平对青贮玉米相对饲用价值的影响（2018—2019 年）

7.3.7 青贮玉米品质指标及与产量的相关性

青贮玉米品质指标及产量之间的线性相关系数如表 7-2 所示。统计可知，青贮玉米生物鲜重、生物产量与品质指标间均存在极显著相关关系，其中 ADF 及 NDF 与青贮玉米产量指标间为极显著负相关，相关系数在 $-0.74 \sim$ -0.69，其他品质指标与产量间为极显著正相关，表明青贮玉米生物鲜重及生物产量与品质指标间紧密相关。青贮玉米生物产量与品质指标中的 CP 含量相关性最高，为 0.86。

对青贮玉米品质指标间的相互关系比较发现，各品质指标间均存在极显著的相关性。ADF 及 NDF 与其他品质指标间均为负相关，相关系数在 $-0.97 \sim$ -0.82，其他品质指标间均存在极显著正相关关系，其中 EE 与 RFV 间的相关系数最高，为 0.95，表明 EE 与 RFV 间有非常好的一致性。

除淀粉外，氮肥用量与各项品质指标以及产量指标间均具有显著相关关系。氮肥与品质指标间相关系数在 $-0.47 \sim 0.72$，其中与 CP 含量相关性最好，相关系数为 0.72，表明增加氮肥的施入量一定程度上可以增高青贮玉米营养品质。氮肥与生物鲜重及生物产量的相关系数分别为 0.54 及 0.63。

表 7-2　青贮玉米品质指标及产量之间的线性相关系数

项目	氮肥	粗脂肪（EE）	粗蛋白（CP）	淀粉（starch）	酸性洗涤纤维（ADF）	中性洗涤纤维（NDF）	相对饲用价值（RFV）	生物鲜重	生物产量
氮肥	1								
粗脂肪（EE）	0.49**	1							
粗蛋白 CP	0.72**	0.89**	1						
淀粉 starch	0.24	0.87**	0.69**	1					
酸性洗涤纤维 ADF	-0.47^{**}	-0.96^{**}	-0.89^{**}	-0.88^{**}	1				
中性洗涤纤维 NDF	-0.36^{**}	-0.93^{**}	-0.82^{**}	-0.95^{**}	0.94**	1			
相对饲用价值 RFV	0.38*	0.95**	0.82**	0.91**	-0.95^{**}	-0.97^{**}	1		
生物鲜重	0.54**	0.76**	0.85**	0.61**	-0.74^{**}	-0.70^{**}	0.69**	1	
生物产量	0.63**	0.74**	0.86**	0.60**	-0.71^{**}	-0.69^{**}	0.68**	0.96**	1

注：**、* 分别表示在 0.01、0.05 水平差异显著。

7.4　讨论

7.4.1　青贮玉米营养品质对氮肥施入的响应

合理施氮是玉米高产、优质和提高氮肥报酬的重要措施[188]，养分吸收是植物干物质积累的前提，大量研究表明不同施氮量显著影响饲用玉米的营养品质[189]。本研究结果表明，氮肥施用量对青贮玉米各品质指标均具有显著影响，这与前人研究结果一致。于秋竹[190]、范磊[191]等研究认为，氮肥施用与玉米品质有密切的关系，且粗蛋白、纤维以及粗脂肪含量随着施氮量的增加而增加，但施氮量超过一定值时，各营养品质含量不再增加，反而降低。马磊等[192]研究也表明，缓控释肥可以显著降低青贮玉米的茎叶比，有利于青贮玉米品质的提高。本研究中，施氮量在 $0 \sim 240 kg/hm^2$ 范围内，CP、EE 及淀粉含量随着施氮量的增加而增高，但超过 $240 kg/hm^2$ 后，再增加施氮量，各品质指标逐渐降低；而 ADF 及 NDF 含量则随着施氮量的增加呈先降低后升高的变化趋势，N0 处理最高。这可能是因为未施氮肥与施氮量不足时，会加速玉米生长后期叶面积指数及穗位叶叶绿素含量下降的进程，从而使叶片提早衰老，影响其品质和产量[193]。氮素过量施用同样也降低了青贮玉米营养品质，这可能是由于青贮玉米的适宜收获期在灌浆中期，过量施入氮肥延长了玉米生长期，缩短了干物质向籽粒转运的时间[157]，降低了干物质在籽粒中的分配比例，从而影响了品质。范磊[191]研究也表明，受干物质积累的影响，各营养品质积累量随生长期的延长而递增。

在连续定位施氮条件下，与 2018 年相比，2019 年不同程度地降低了各品质指标，其中 2019 年各施氮处理 CP、EE、淀粉含量以及 RFV 均小于 2018 年，而 ADF 和 NDF 含量 2019 年则高于 2018 年。玉米的营养物质主要在籽粒中富集，淀粉、蛋白质、脂肪等是玉米籽粒积累的主要营养物质[191]，且各品质含量与干物质含量紧密相关[194]。本研究中，除 N0 处理外，其他施氮处理，2018 年干物质在籽粒中分配比例均高于 2019 年，而干物质在茎叶中的分配比例正好相反，因此 2018 年整株青贮玉米营养品质高于 2019 年。此外，刘恩科等[195]研究也表明，长期施入氮肥会不同程度地降低玉米籽粒中的淀粉、EE以及 CP 含量。

相对饲用价值是评价粗饲料的一个非常重要的指标，这一指标越高，表明饲料营养价值越大。当相对饲用价值指标超过 100 时，表示该饲料的营养价值整体上良好[196]。本研究结果表明，随着施氮量的增加，"种星青饲 1 号"相对饲用价值在两年的试验中均呈先增高后降低的变化趋势，N16 处理最高，2018 年、2019 年分别为 183.0、169.65。这与王晨光等[197]研究结果一致，适量施入氮肥可以提高粮饲兼用玉米的饲用价值。

7.4.2 青贮玉米粗蛋白含量对氮肥施入的响应

高蛋白质含量是保证青贮玉米品质的重要指标。本研究中，2018 年、2019 年 CP 含量最大值分别在 N16 处理和 N20 处理，分别为 7.75%、6.57%，且 N16 处理显著高于除 N20 外的其他施氮处理，这与前人研究结果一致。张吉旺等[76]报道，氮吸收速度快、吸收持续期长、氮转移量大是高产高蛋白玉米的生理基础。大量研究发现，施氮量显著影响玉米籽粒蛋白质含量，适量增施氮肥能够提高籽粒蛋白质含量[198]和籽粒产量[199]。Oikeh 等[200]报道，随着施氮量的增加，玉米籽粒中的蛋白质含量明显增高，缺氮不仅降低玉米蛋白质含量，而且影响氨基酸总量及其组分含量；杨引福等[201]研究表明，过量施入氮肥并不能增加玉米籽粒蛋白质的必需氨基酸含量，当土壤中养分含量较低或其他环境因子使得籽粒中氮素含量降低时，增加氮肥的施入量可以改善氨基酸组分。

7.4.3 青贮玉米粗脂肪及淀粉含量对氮肥施入的响应

本研究中，"种星青饲 1 号" EE 含量在两年的试验中均呈先增加后降低的变化趋势，2018 年、2019 年最大值分别在 N20 处理及 N16 处理，分别为 2.61%、2.42%，过量施氮则会不同程度降低青贮玉米中粗脂肪含量。刘恩科等[195]研究表明，由于较多的光合产物转化为蛋白质和脂类物质，施入氮肥不同程度地提高玉米籽粒中的含油量。卡因杜[202]研究氮肥施用量对玉米籽粒中含油量的影响，结果表明，一定范围内增施氮肥，促进了玉米胚的发育，增大了胚占籽粒的比例，从而使得籽粒中的含油率显著增高。白冰等[203]报道，不同氮素施肥条件下，当施氮量为 300kg/hm² 时，青贮玉米的挥发性脂肪酸（VFA）含量最高，青贮品质达到优质标准，而过量施氮则会降低青贮品质。

本研究中，"种星青饲 1 号" 淀粉含量在两年的试验中均呈先增加后降低的变化趋势，2018 年、2019 年淀粉含量最大值分别在 N12 处理及 N16 处理，分别为 37.17%、34.92%，过量施入氮肥降低了青贮玉米中淀粉含量，这与王佳等[204]研究结果一致。玉米淀粉由直链淀粉和支链淀粉组成，二者在籽粒中所占的比例和数量对淀粉的质量具有一定的影响。徐灿[205]研究了不同施氮量对玉米淀粉形成的影响，结果表明，在一定施氮范围内，增施氮肥不同程度地提高了玉米籽粒中直链淀粉、支链淀粉、总淀粉含量及淀粉形成过程中关键酶活性的增加。不施氮肥或者氮肥施入过量会导致淀粉峰值黏度等糊化指数降低，从而降低淀粉品质[206]。

7.4.4 青贮玉米中性洗涤纤维和酸性洗涤纤维含量对氮肥施入的响应

ADF 和 NDF 含量是衡量青贮玉米纤维质量的重要指标之一，潘金豹等[207]研究认为，植物 ADF 和 NDF 含量越低，动物的采食量越高。本研究中，施入氮肥不同程度地降低了青贮玉米 ADF 和 NDF 含量。陈丽等[208]研究表明，全株干物质中茎和叶片所占比重越大，对全株纤维含量影响越大，但茎对青贮玉米的 NDF 含量的影响比叶片的大。本研究中，收获时，N0 处理干物质在茎、叶中的分配比例均高于其他施氮处理，因此不施入氮肥纤维含量最高。赵勇[209]的研究表明，增施氮肥极显著降低全株粗纤维含量。但施氮过多增加了干物质在茎中的分配比例，因此增加了纤维含量[168]，从而使品质降低。

7.4.5 青贮玉米品质指标及产量指标间的相互关系

目前关于玉米品质的研究，无论是育种还是栽培都主要集中在提高籽粒的营养品质方面。陈丽等[208]研究表明，降低秸秆中粗纤维含量以及提高籽粒产量是改良青贮玉米营养品质的两种方式。许多育种者认为，籽粒产量与生物产量间存在显著正相关。因此，青贮玉米较高的生物产量对提高玉米营养品质具有积极作用。本研究结果表明，青贮玉米生物鲜重、生物产量与品质指标间均存在极显著相关关系，表明青贮玉米产量与品质间有非常好的一致性。

本研究中，除 ADF 和 NDF 含量外，其他品质指标间均存在极显著正相关关系。与前人研究结果不同。关义新[210]报道，玉米籽粒中淀粉含量与蛋白质、脂肪含量呈显著负相关。这可能是由于青贮玉米收获时除了籽粒中含有大量的营养物质外，茎、叶中也含有丰富的淀粉、可溶性糖和粗蛋白等营养物质[208]。丁希泉等[211]研究认为，禾谷类作物与其他作物一样，贮藏器官中同化产物的积累均呈 S 形曲线。青贮玉米收获时，籽粒中的同化产物的积累还未完成，因此，随着玉米贮藏器官形态的形成，同化产物也迅速积累[200]。

7.5 小结

（1）施入氮肥不同程度提高了青贮玉米的营养品质。随着施氮量的增加，青贮玉米粗蛋白、粗脂肪、淀粉含量以及相对饲用价值呈先增高后降低的变化趋势，中性洗涤纤维、酸性洗涤纤维呈先降低后增高的变化趋势。青贮玉米生物鲜重、生物产量与粗蛋白、粗脂肪、淀粉含量品质指标间呈显著正相关，与中性洗涤纤维、酸性洗涤纤维呈负相关；青贮玉米产量与相对饲用价值呈正相关。

（2）N16 处理（240kg/hm²）青贮玉米的营养品质最高。在收获期，N16 处理粗蛋白、粗脂肪、淀粉含量最高或与最高值无显著性差异，中性洗涤纤维及酸性洗涤纤维处于较低水平，2018 年、2019 年 N16 处理相对饲用价值分别较其他处理高出了 1.57％～10.63％、0.84％～39.23％，而且相比 N0，N16 处理显著提高了青贮玉米各营养品质指标。

第八章 施氮水平对青贮玉米
植株氮素分配的影响

氮素的吸收、同化和转运直接影响着青贮玉米的生长发育，较高的氮素利用率不仅可以保证经济产量，还可以减少肥料投入成本，并避免损害环境。施氮量过高、运筹不当、养分供应与作物生长发育不同步是氮素利用率低的主要原因[212]。因此，选择氮素利用率高、损失少、环境友好的氮肥施入量，对实现农业生产与生态协调发展、节本增效和节能减排等具有重要意义。

8.1 测定指标及方法

分别在青贮玉米苗期、拔节期、大喇叭口期、抽雄期以及收获期，取样测定土壤及地上植株各器官全氮含量。

土壤取样方法：每个小区采用五点取样法取样，用土钻取 0～10cm、10～20cm、20～40cm 三个土层土样，再将同一处理中，三个重复小区的同土层土样混合，除去植物残体及石块，将混合均匀的土样在 35℃ 以下风干，过 0.15mm 筛，用以测定土壤全氮含量。

植株各器官取样方法：各处理选取 3 株具有代表性且长势一致的植株，齐地刈割后，将各施氮处理样品按茎、叶、苞叶、籽粒、穗轴充分混合后，分别装于牛皮纸袋中放入烘箱，105℃ 条件下杀青 30min，80℃ 烘干至恒重，冷却至室温后使用粉碎机粉碎各器官样品，过 0.15mm 筛，用以测定植株全氮含量。

全氮含量测定方法：使用分析天平准确称取过筛后的 1.000g 土壤样品或者 0.150g 植株样品于消煮管内，依次往消煮管内加入 5.00g 催化剂（硫酸铜与硫酸钾质量比为 1：9）及 10mL 浓硫酸溶液，混合均匀后，将消煮管放置于消煮炉上进行消煮，先将温度设置为 180℃，消煮 5min，继而在 250℃ 及 350℃ 各消煮 5min，最后将温度设置为 390℃，消煮 90min，在消煮过程中应防止管内液体爆沸。待消煮管冷却后，使用全自动凯氏定氮仪测定样品中的全氮含量。凯氏定氮仪设置参数：氢氧化钠（40%）溶液 50mL，稀释液 40mL，标准酸设置为 0.05mol/L 的硫酸溶液。

各类指标计算方法：

氮素积累量[86]（kg/hm²）＝各部分干物质量（kg/hm²）×氮素含量（%）

氮素积累速率 [kg/ (hm² · d)] ＝氮素积累量（kg/hm²）/各生育阶段天数（d）

氮肥偏生产力（nitrogen partial factor productivity，NPFP）（kg/kg）＝施氮处理生物产量（kg/hm²）/施氮量（kg/hm²）

氮肥农学利用率（nitrogen agronomy efficiency，ANUE）（kg/kg）＝[施氮处理玉米产量（kg/hm²）－不施氮处理玉米产量（kg/hm²）]/施氮量（kg/hm²）。

氮素干物质生产效率[213]（nitrogen dry matter production efficiency，NDMPE）（g/g）＝整株干物质量（g/株）/整株氮素积累量（g/株）

氮收获指数[86]（nitrogen harvest index，NHI）（%）＝籽粒氮素积累总量（kg/hm²）/植株氮素积累总量（kg/hm²）×100%

8.2　数据处理与分析方法

采用 Excel 2010 整理数据；使用统计分析软件 SPSS 25.0 进行方差分析和因素显著性分析，使用 GraphPad. Prism. v5.0 绘图，不同处理之间多重比较采用最小显著差异法（LSD）。

采用结构方程模型（SEM）评价氮肥、微生物量、土壤酶活性、净光合速率、整株鲜重、产量与品质之间的关系[129]。分别对 N0（对照）、N8、N12、N16、N20 和 N24 处理分配值 0、8、12、16、20 和 24 来创建氮添加（N）变量。将所有变量一对一输入 SPSS 中，然后使用 AMOS 17.0（SPSS，美国伊利诺伊州芝加哥）进行 SEM 构造和分析。通过低卡方（X^2）、非显著概率水平（$P > 0.05$）和均方根近似误差（RMSEA < 0.05）来确定模型是否拟合。

8.3　试验结果

8.3.1　施氮水平对青贮玉米氮素在各器官中分配的影响

2018 年、2019 年不同施氮水平对青贮玉米不同生育期各器官氮素含量的影响分别见图 8-1、图 8-2。结果表明，茎中氮含量随着生育期推进逐渐降低；2018 年由于大喇叭口期降水量过大，导致大喇叭口期叶片中氮素含量小于抽雄期，其变化趋势为：苗期＞抽雄期＞大喇叭口期＞收获期，2019 年随着生育期的延长，叶片中氮素含量逐渐降低；抽雄期苞叶中氮素含量大于收获期。从苗期到大喇叭口期，叶片中的氮素含量始终高于茎；抽雄期，玉米植株由营养生长转向生殖生长，茎、叶中的氮素逐渐向苞叶转移，氮素仍主要集中在叶片中，随着生育期延长，在青贮收获期，籽粒中氮素含量高于其他器官。

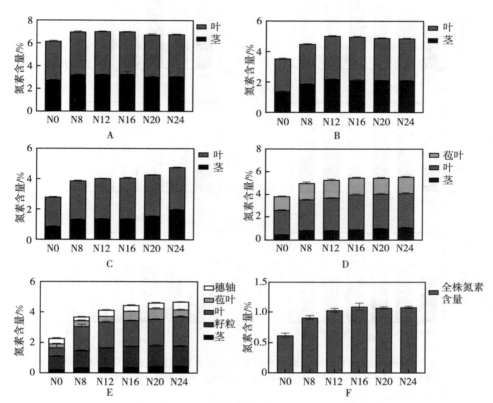

图 8-1　不同施氮水平对青贮玉米不同生育时期各器官氮素含量的影响（2018 年）

注：垂直线条代表标准误；A、B、C、D、E、F 分别代表在苗期、拔节期、大喇叭口期、抽雄期、收获期各器官以及收获期全株青贮氮素含量。

对不同生育时期青贮玉米各器官全氮含量进行因素显著性分析，发现连续两年试验氮肥对不同生育时期各器官氮素含量均有显著影响（$P < 0.05$），不同施氮处理间比较，茎中氮素含量在 2018 年大喇叭口期—收获期及 2019 年苗期、拔节期，随着施氮量的增加呈逐渐升高的变化趋势，N24 处理最高，且与其他施氮处理有显著性差异；其他生育时期茎中氮素含量随着生长期的推进呈先增高后降低的单峰曲线变化趋势，N12、N16 及 N20 处理高于其他处理。2018 年苗期，N16 处理茎中氮素含量最高，为 3.29%，与 N8、N20 处理间无显著性差异（$P > 0.05$）；拔节期 N12 处理茎中氮素含量（2.20%）显著高于其他处理。2019 年大喇叭口期及抽雄期茎中氮素含量最大值均为 N12 处理，分别为 1.44%、0.92%，收获期 N20 处理茎中氮素含量分

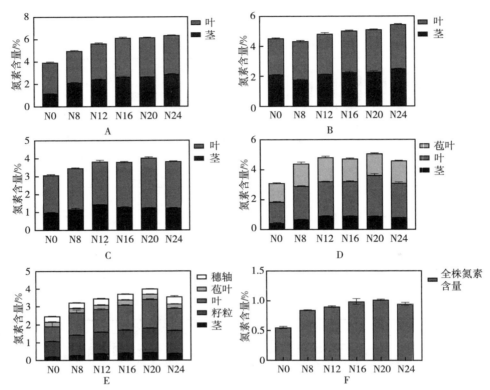

图 8-2 不同施氮水平对青贮玉米不同生育时期各器官氮素含量的影响（2019 年）

注：垂直线条代表标准误差；A、B、C、D、E、F 分别代表在苗期、拔节期、大喇叭口期、收获期各器官以及收获期全株青贮氮素含量。

别比 N0、N8、N12、N16、N24 高出了 116.24%、55.60%、14.93%、7.35%、11.94%。

叶片中氮素含量，除 2018 年大喇叭口期、收获期及 2019 年拔节期随施氮量的增加而增高外，其他生育时期均呈先增高后降低的变化趋势。2018 年、2019 年苗期，叶片中氮素含量分别在 N12 处理（3.80%）、N20 处理（3.52%）达到最大值，且 N16、N20 及 N24 处理间无显著性差异；2018 年 N16 处理在拔节期（2.85%）及抽雄期（3.05%）叶片中氮素含量高于其他施氮处理，其中拔节期 N12 与 N16 处理间无显著性差异，抽雄期 N16、N20 及 N24 处理叶片中氮素含量高于其他处理，且 N16、N20、N24 相互间无显著性差异。2019 年大喇叭口期、抽雄期、收获期，N20 处理叶片中氮素含量分别为 2.78%、2.73%、1.59%，且显著高于其他施氮处理。

苞叶中氮素含量随着施氮量的增加呈先增高后降低的变化趋势。2018

年，各生育期 N20 处理苞叶中氮素含量均显著性高于其他施氮处理（$P<$ 0.05），抽雄期及收获期苞叶中氮素含量在 N20 处理分别较其他施氮处理高出了 24.30％～75.8％、14.45％～181.19％；2019 年抽雄期及收获期苞叶中氮素含量分别在 N12 处理（1.61％）及 N16 处理（0.30％）达到最大值。

收获期整株氮素含量随施氮量的增加先增高后降低，2018 年、2019 年分别在 N16（1.09％）和 N20（1.02％）处理下最高。籽粒中氮素含量随施氮量的增加变化趋势同苞叶一致，均为先增高后减低。2018 年、2019 年最大值分别在 N16（1.40％）和 N20 处理（1.38％），其中 2018 年 N16 处理与 N20 处理间无显著性差异，2019 年 N20 处理显著性高于其他施氮处理。2018 年及 2019 年穗轴中氮素含量大小顺序一致，均依次为：N24＞N12＞N16＞N20＞N0＞N8。

8.3.2　施氮水平对青贮玉米田土壤氮素的影响

N0 处理各土层氮素含量，在 2018 年、2019 年变化趋势分别为：大喇叭口期＞拔节期＞收获期＞苗期＞抽雄期、大喇叭口期＞拔节期＞苗期＞收获期＞抽雄期；其他施氮处理各土层氮素含量在 2018 年、2019 年变化趋势分别为：大喇叭口期＞拔节期＞苗期＞收获期＞抽雄期、大喇叭口期＞拔节期＞苗期＞抽雄期＞收获期（图 8-3，图 8-4），均在大喇叭口期达到峰值，表明在大喇叭口期，青贮玉米快速生长，对养分需求增多，加速了土壤中缓控释氮肥的释放速率。土壤氮素含量主效应因素分析见表 8-1。由表可知：除 2018 年拔节期及 2019 年大喇叭口期外，不同施氮量对土壤氮素含量的影响达到显著水平（$P<0.05$），除 2018 年拔节期及抽雄期外，其他生育时期土层深度对土壤氮素含量均有显著性影响（$P<0.05$）。各土层间比较发现，从苗期到大喇叭口期，各处理氮素含量随着土壤深度的增加而降低，抽雄期及收获期，氮素含量随着土壤深度的增加先增高后降低，10～20cm 土层氮素含量最高，表明在玉米生殖生长期，土壤中的氮素主要集中在耕层土壤中。

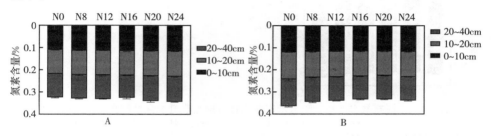

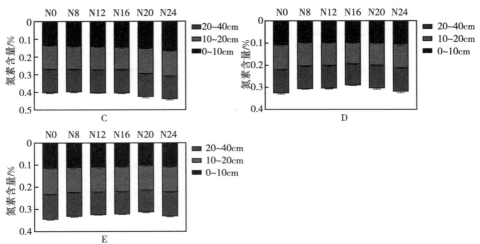

图 8-3　不同施氮水平对青贮玉米田各生育时期土壤氮素含量的影响（2018 年）

注：垂直线条代表标准误；A、B、C、D、E 分别代表在苗期、拔节期、大喇叭口期、抽雄期以及收获期各器官氮素含量。

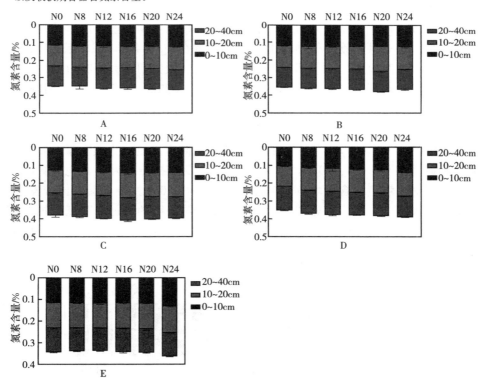

图 8-4　不同施氮水平对青贮玉米田各生育时期土壤氮素含量的影响（2019 年）

注：垂直线条代表标准误；A、B、C、D、E 分别代表在苗期、拔节期、大喇叭口期、抽雄期以及收获期各器官氮素含量。

表 8-1　土壤氮素含量主效应因素分析

项目	因素显著性		苗期	拔节期	大喇叭口期	抽雄期	收获期
氮素含量		土层	**	ns	**	ns	**
	2018 年	氮肥	**	ns	**	**	**
		土层×氮肥	ns	ns	**	ns	ns
		土层	**	**	**	**	**
	2019 年	氮肥	*	*	ns	**	**
		土层×氮肥	ns	ns	**	**	*

注：氮肥代表不同施氮量（N0、N8、N12、N16、N20、N24），土层代表不同土层（0~10cm、10~20cm、20~40cm）；* 代表 $P<0.05$，差异显著；** 代表 $P<0.01$，差异极显著；ns 代表 $P>0.05$，差异不显著。

不同施氮处理间比较发现，苗期，2019 年各土层氮素含量均高于 2018 年。2018 年各土层及 2019 年 0~10cm、10~20cm 土层土壤氮素含量随着施氮量的增加而增高，其中 2018 年各土层及 2019 年 0~10cm 土层氮素含量在 N12、N16、N20 及 N24 处理间均无显著性差异（$P>0.05$），2019 年 10~20cm 土层，N24 处理（0.13%）氮素含量显著性高于除 N20（0.12%）外的其他施氮处理（$P<0.05$）（图 8-3，图 8-4）。

拔节期，0~10cm 土层，各施氮处理间氮素含量无显著性差异。10~20cm 土层，随施氮量的增加土壤氮素含量呈先降低后增高的变化趋势，2018 年、2019 年最小值分别在 N20、N8 处理，分别为 0.11% 及 0.12%，其中 2019 年 N8、N12、N16 及 N24 处理间无显著性差异。20~40cm 土层，氮素含量在 2018 年随施氮量的增加呈先降低后增高的变化趋势，N12 处理氮素含量最低，为 0.10%，N12、N16、N20 及 N24 处理间无显著性差异；2019 年随施氮量的增加呈先增高后降低的变化趋势，且各施氮处理间均无显著性差异，表明拔节期不同施氮处理对深层土壤氮素含量无显著性影响。

大喇叭口期，由于氮素释放速率加快，0~10cm 土层，氮素含量随着施氮量的增加而增高，其中 2018 年，N24 处理较其他施氮处理高出了 8.56%~21.45%，2019 年 N12、N16、N20 及 N24 处理间无显著差异。10~20cm 土层，2018 年氮素含量随着施氮量的增加呈先降低后增高的变化趋势，N24 处理最高，为 0.14%，较其他施氮处理高出了 0.89%~13.86%，表明青贮玉米主要吸收耕层土壤中的氮素，且过量施入氮肥会导致土壤中氮素的冗余。2019 年，10~20cm 土层，氮素含量随着施氮量的增加先增高后保持稳定，N16、N20 及 N24 处理间无显著差异。20~40cm 土层氮素含量随施氮量的增加呈先增高后降低的单峰曲线变化趋势，且各施氮处理间氮素含量无显著性差异，表明大喇叭口期不同施氮处理对深层土壤氮素含量无显著性影响。

抽雄期，2018 年各土层氮素含量随着施氮量的增加呈先降低后增高的变化趋势，N0 处理最高，N16 处理氮素含量最低，0～10cm、10～20cm 和 20～40cm 土层氮素含量分别较其他施氮处理降低了 0.03％～10.76％、3.17％～14.67％、7.89％～10.26％，N20、N24 处理与 N16 处理相比，各土层氮素含量有不同程度的增加，表明过量施入氮肥，会导致抽雄期青贮玉米田氮素的累积。2019 年，0～20cm 土层氮素含量随着施氮量的增加而增高，20～40cm 土层氮素含量随着施氮量的增加呈先增高后降低的变化趋势，N12 处理氮素含量最高，为 0.13％，显著高于 N16、N20 及 N24 处理。

收获期，2018 年，0～20cm 土层氮素含量随着施氮量的增加呈先降低后增高的变化趋势，20～40cm 土层氮素含量随着施氮量的增加逐渐降低，0～10cm、10～40cm 土层氮素含量大小顺序分别为：N0＞N8＞N12＞N16＞N24＞N20、N0＞N24＞N8＞N12＞N16＞N20，表明施入氮肥有利于氮素向植株中转移，其中在 N20 处理下可以满足植株对氮素的需求，而过量施氮会造成氮素的冗余。2019 年收获期，0～10cm 土层，氮素含量随着施氮量的增加逐渐增高，N24 处理最高，为 0.13％，且显著高于其他施氮处理；10～40cm 土层氮素含量随着施氮量的增加呈先降低后增高的变化趋势，N12 处理最低，10～20cm、20～40cm 土层分别为 0.12％、0.10％，其中 20～40cm 土层 N0 处理氮素含量最高，为 0.11％。

综合分析上述结果，青贮玉米田土壤氮素含量在大喇叭口期最高，表明在该生育时期，植株生长加快，促进了缓控释氮肥氮素释放速率。在营养生长阶段，氮素含量随着土层深度的增加逐渐降低，生殖生长阶段，氮素主要在耕层土壤中富集。由于是连续定位试验，除苗期及拔节期外，2018 年和 2019 年其他生育时期，青贮玉米田氮素含量在不同施氮处理下变化趋势不一。苗期各土层氮素含量随着施氮量的增加而增高；拔节期施入氮肥对表层及深层土壤氮素含量无显著影响。2018 年，从拔节期到收获期，随着施氮量的增高，耕层土壤氮素含量呈先降低后增高的变化趋势，最小值分布在 N16 及 N20 处理。2019 年，大喇叭口期及抽雄期，0～20cm 土层氮素含量随着施氮量的增加逐渐增高，收获期，耕层土壤氮素含量随施氮量的增加呈先降低后升高的变化趋势，N12 处理下氮素含量最低，表明过量施入氮肥，会导致土壤中氮素的冗余。

8.3.3 施氮水平对青贮玉米氮素积累量的影响

施氮试验表明，各施氮处理下 2019 年青贮玉米氮素积累量均小于 2018

年。从苗期到收获期，不同施氮水平下青贮玉米植株氮素积累量随生育期的延长逐渐增高，收获期植株氮素积累量最高（表 8-2）。不同施氮处理间比较发现施氮量对除 2018 年苗期外其他生育时期青贮玉米植株氮素积累量均有显著影响（$P<0.05$）；2018 年、2019 年各生育时期青贮玉米氮素积累量随着施氮量的增加呈先增高后降低的变化趋势，相比 N0，施入氮肥会不同程度增加青贮玉米整株氮素积累量。

表 8-2　各生育时期不同施氮水平下青贮玉米植株氮素积累量比较（g/株）

施氮量	苗期		拔节期		大喇叭口期		抽雄期		收获期	
	2018 年	2019 年	2018 年	2019 年	2018 年	2019 年	2018 年	2019 年	2018 年	2019 年
N0	0.22a	0.04b	0.48b	0.28c	1.10b	0.57d	1.32c	0.89d	1.55d	1.19e
N8	0.27a	0.11a	0.62b	0.51b	1.99a	1.13c	2.51b	1.76c	3.09c	3.45d
N12	0.24a	0.12a	0.99a	0.91a	2.15a	1.26bc	3.18a	2.17b	4.80b	3.97bc
N16	0.23a	0.13a	1.16a	0.92a	2.26a	1.42ab	3.12a	2.44a	5.64a	4.28b
N20	0.23a	0.13a	0.96a	1.03a	2.27a	1.54a	3.08a	2.66a	5.69a	5.11a
N24	0.23a	0.11a	0.92a	0.68b	2.07a	1.17c	2.79ab	2.04b	4.87b	3.54cd
F	0.44	8.23	5.28	31.74	7.60	20.25	25.71	71.81	52.48	82.12
P	ns	**	**	**	**	**	**	**	**	**

注：不同小写字母代表各施氮处理间差异达到 $P<0.05$ 显著水平；P 代表在不同施氮量（N0、N8、N12、N16、N20、N24）对氮素积累量的影响，**代表 $P<0.01$，差异极显著；ns 代表 $P>0.05$，差异不显著，下同。

　　苗期，氮素积累量在 N8、N12、N16、N20 及 N24 处理间无显著差异（$P>0.05$），其中 2019 年 N0 处理显著性低于其他施氮处理，氮素积累量为 0.04g/株；拔节期，2018 年、2019 年整株氮素积累量分别在 N16、N20 处理最高，分别为 1.16g/株、1.03g/株，分别较其他施氮处理高出了 17.17%～141.67%及 11.96%～267.85%，且 N12、N16、N20 处理间无显著差异，表明在一定范围内，增加施氮量有助于氮素在植株内的积累，而超过该范围，则对拔节期青贮玉米氮素积累量无显著影响。大喇叭口期，2018 年青贮玉米植株氮素积累量大小顺序为：N20＞N16＞N12＞N24＞N8＞N0，2018 年、2019 年 N20 处理植株氮素含量分别为 2.27g/株、1.54g/株，且 N20 处理与 N16 处理间无显著差异。抽雄期，2018 年青贮玉米植株氮素积累量为 1.32～3.18g/株，其中 N12 处理最高，且与 N16、N20 及 N24 处理间无显著差异；2019 年青贮玉米植株氮素积累量在 0.89～2.66g/株，其中 N20 处理氮素积累量最高，且与 N16 处理无显著差异。收获期，N20 处理氮素积累量在 2018 年（5.69g/株）和 2019 年（5.11g/株）均高于其他施氮处理，分别较其他处理高出了

0.89％～267.10％、19.39％～329.41％。

由以上结果可知，各施氮处理青贮玉米植株氮素积累量随着生长期的延长逐渐增多，并且 2019 年低于 2018 年，表明在连续定位施氮条件下，土壤呈现氮素耗损趋势，且较长的生长期促进了青贮玉米植株氮素积累量的增高。不同施氮量间比较发现，各生育期植株氮素积累量随着施氮量的增加呈先增高后降低的变化趋势，最大值在 N12、N16 及 N20 处理，表明在一定施氮量范围内，青贮玉米植株氮素积累量随着施氮量的增加而增高，当超过该施氮范围后，植株氮素积累量随着施氮量增加缓慢降低。

8.3.4 施氮水平对青贮玉米氮素积累速率的影响

由表 8-3 可知，不同施氮水平下，青贮玉米不同生育阶段的氮素积累速率在 2018 年及 2019 年分别在 0.53～7.93mg/d、0.49～7.45mg/d，且随着生育期的延长呈先增高后降低的变化趋势。2018 年 N0、N8、N20 和 N24 处理在拔节期—大喇叭口期氮素积累速率最高，2018 年 N12、N16 处理及 2019 年各施氮处理在大喇叭口期—抽雄期青贮玉米氮素积累速度最快，表明青贮玉米在该生育期阶段氮素大量积累。

表 8-3　各生育时段不同施氮水平下青贮玉米植株氮素积累速率比较（mg/d）

施氮量	苗期—拔节期		拔节期—大喇叭口期		大喇叭口期—抽雄期		抽雄期—收获期		苗期—收获期	
	2018 年	2019 年	2018 年	2019 年	2018 年	2019 年	2018 年	2019 年	2018 年	2019 年
N0	1.55b	0.49c	3.25b	1.70b	1.70b	2.15c	0.53c	0.55c	1.44d	0.85e
N8	2.07b	0.81c	7.20ab	3.68a	4.05ab	4.18bc	1.31c	3.14b	3.03c	2.47c
N12	4.46a	1.62a	6.07a	2.10ab	7.93a	6.04ab	3.68b	3.34b	4.90b	2.86bc
N16	5.43a	1.69a	5.83ab	2.76ab	6.61ab	6.81a	5.72a	3.40b	5.81a	3.08b
N20	4.30a	1.85a	6.91a	3.02ab	6.21ab	7.45a	5.93a	4.53a	5.87a	3.69a
N24	4.04a	1.16b	6.07ab	2.88ab	5.53ab	5.82ab	4.72ab	2.78b	4.98b	2.54cd
F	78.72	2.44	1.71	23.85	69.74	22.35	1.52	0.28	17.76	75.61
P	**	**	ns	ns	ns	**	**	**	**	**

不同施氮处理间比较发现，除拔节期—大喇叭口期和 2018 年大喇叭口期—抽雄期外，施入氮肥显著影响青贮玉米氮素积累速率，随着施氮量增加，各生育期阶段氮素积累速率在连续两年试验中均呈先增高后降低的变化趋势，相比 N0，施入氮肥不同程度加快青贮玉米植株氮素积累速率，表明适宜的施氮量可以提高青贮玉米氮素积累量。在苗期—拔节期，2018 年 N16 处理和

2019 年 N20 处理植株氮素积累速率最高，分别为 5.43mg/d、1.85mg/d，N12、N16 及 N20 处理显著高于低氮处理，且相互间无显著性差异；在拔节期—大喇叭口期，N8 处理植株氮素积累速率最高，2018 年、2019 年分别为 7.20mg/d、3.68mg/d，且除对照外，其他施氮处理间无显著性差异；在大喇叭口期—抽雄期，氮素积累速率在 N12、N16、N20、N24 处理间无显著性差异，2018 年、2019 年分别在 N12 处理（7.93mg/d）、N20 处理（7.45mg/d）达到最大值；在抽雄期—收获期，2018 年、2019 年青贮玉米植株氮素积累速率大小顺序分别为：N20＞N16＞N24＞N12＞N8＞N0、N20＞N16＞N12＞N8＞N24＞N0，2018 年、2019 年 N20 处理分别较其他处理高出了 3.67%～1 018.89%、33.24%～723.64%。

从苗期—收获期整个生育期阶段，N16 及 N20 处理植株氮素积累速率连续两年均高于其他处理，且除 2019 年 N20 处理氮素积累速率显著高于其他施氮处理外（$P<0.05$），二者间无显著性差异（$P>0.05$）。2018 年、2019 年 N16 处理植株氮素积累速率分别为 5.81mg/d、3.08mg/d，较其他处理分别高出 16.67%～303.47%、7.69%～334.12%，N20 处理氮素积累速率分别为 5.87mg/d、3.69mg/d，较其他处理分别高出 10.33%～307.64%、19.80%～334.12%。

不同施氮处理处理下，青贮玉米生长天数与植株氮素积累量的关系（2018—2019 年）如图 8-5 所示。青贮玉米植株氮素积累量（Y）随生长天数（X）增加，呈二次项型正相关增长。

2018 年，N0、N8、N12 及 N16、N20 及 N24 处理，青贮玉米植株氮素积累量（Y）和生长天数（X）间的回归方程分别为：

$$Y_{N0}=-0.017\,5X^2+4.311\,7X-108.833\,6 \quad (R^2=0.901\,5)$$

$$Y_{N8}=-0.031\,3X^2+8.282\,3X-232.589\,4 \quad (R^2=0.937\,4)$$

$$Y_{N12}=-0.019\,2X^2+7.957\,5X-243.524\,5 \quad (R^2=0.979\,8)$$

$$Y_{N16}=-0.005\,4X^2+6.313\,9X-193.585\,8 \quad (R^2=0.988\,0)$$

$$Y_{N20}=-0.003\,5X^2+6.109\,1X-194.704\,9 \quad (R^2=0.990\,8)$$

$$Y_{N24}=-0.008\,1X^2+6.052\,6X-186.386\,2 \quad (R^2=0.985\,1)$$

2019 年，N0、N8、N12 及 N16、N20 及 N24 处理，青贮玉米植株氮素积累量（Y）和生长天数（X）间的回归方程分别为：

$$Y_{N0}=0.002\,2X^2+0.668\,2X-8.713\,6 \quad (R^2=0.927\,4)$$

$$Y_{N8}=0.014\,5X^2+0.286\,6X-1.167\,4 \quad (R^2=0.979\,5)$$

$$Y_{N12}=0.012\,7X^2+0.913\,3X-7.300\,0 \quad (R^2=0.984\,7)$$

$$Y_{N16}=0.012\,5X^2+1.198\,0X-12.147\,6 \quad (R^2=0.984\,3)$$

$$Y_{N20}=0.018\,7X^2+0.814\,9X-2.295\,3 \quad (R^2=0.987\,2)$$

$$Y_{N24}＝0.010\ 5X^2＋0.954\ 0X－10.469\ 0\ (R^2＝0.954\ 1)$$

比较分析表明，N16 及 N20 处理下，随着生长期的延长，青贮玉米氮素积累量呈近线性增加趋势，而其他施氮处理曲线较缓，且 N16 及 N20 处理在整个生长时期对应的氮素积累量均高于其他施氮处理，表明植株氮素积累量随着氮肥施用量增加而增高，达到峰值后，氮肥继续投入，氮素积累量下降。因此，N16 及 N20 处理对青贮玉米氮素积累量具有更为显著的促进效应，而超过该施氮范围属于无效投入。

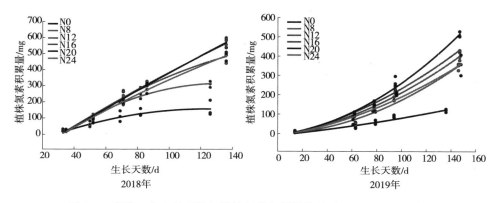

图 8-5　青贮玉米生长天数与植株氮素积累量的关系（2018—2019 年）

8.3.5　施氮水平对青贮玉米氮肥利用率的影响

由表 8-4 可知，施入氮肥显著影响了氮肥偏生产力、氮肥农学利用率、氮素干物质生产效率及氮收获指数（$P<0.05$）。氮肥偏生产力是反映土壤基础养分水平和化肥施用量综合效应的重要指标。本研究发现，氮肥偏生产力随着施氮量的增多逐渐降低，在 2018 年和 2019 年各施氮处理氮肥偏生产力大小顺序均为 N8＞N12＞N16＞N20＞N24，且 N8 处理显著性高于其他施氮处理（$P<0.05$），其中 2018 年 N8 处理氮肥偏生产力分别比 N12、N16、N20、N24 高出了 32.43%、46.14%、120.13%、163.46%，2019 年氮肥偏生产力各施氮处理间均有显著性差异，N8 处理分别比 N12、N16、N20、N24 高出了 39.56%、65.52%、117.69%、191.73%。

氮肥农学利用效率，在 2018 年随施氮量的增加呈先升高后降低的变化趋势，N16 处理氮肥利用效率最高，为 73.68kg/kg；2019 年随施氮量的增加氮肥农学利用效率逐渐降低，N8 处理最高，为 87.74kg/kg。在连续两年试验中，氮肥农学利用效率在 N8、N12 及 N16 处理间无显著性差异（$P>0.05$）。

2018 年和 2019 年氮素干物质生产效率排序分别为：N0＞N8＞N12＞

N20＞N24＞N16、N0＞N8＞N12＞N24＞N16＞N20，其中 N16、N20 和 N24 处理间无显著性差异，表明青贮玉米减量施氮，植株具有更高的氮素干物质生产效率。

氮素收获指数可以反映作物氮素积累量在籽粒和营养器官上的分配比例。2018 年，相较 N0，其他处理施入氮肥后不同程度地降低了氮收获指数，N0、N8、N12 及 N20 处理间无显著差异，N24 处理氮收获指数最低，为 62.81%；2019 年，相较于 N0，施入氮肥后各处理显著性增加了氮收获指数，N8 处理（72.16%）收获指数最高，且与 N12、N24 处理无显著性差异。

表 8-4　不同施氮水平对青贮玉米氮素利用效率的影响

施氮量	氮肥偏生产力/(kg/kg)		氮肥农学利用率/(kg/kg)		氮素干物质生产效率/(g/g)		氮收获指数/%	
	2018 年	2019 年	2018 年	2019 年	2018 年	2019 年	2018 年	2019 年
N0	—	—	—	—	161.18a	182.10a	72.99a	56.00d
N8	235.93a	220.43a	60.40ab	87.74a	110.01b	119.50b	70.80ab	72.16a
N12	178.15b	157.95b	61.13ab	69.48ab	96.72c	111.78c	69.55abc	69.26ab
N16	161.44b	133.18c	73.68a	66.83ab	92.03c	101.60d	64.52bc	65.02c
N20	107.18c	101.26d	36.97b	48.18bc	93.14c	98.08d	66.52abc	67.12bc
N24	89.55c	75.56e	31.04b	31.33c	92.40c	105.14cd	62.81c	70.14ab
F	49.80	116.43	3.78	7.89	57.28	161.01	3.54	19.41
P	**	**	*	**	**	**	*	**

8.3.6　结构方程模型分析

SEM 量化了包括土壤酶活性、微生物量及氮素积累量在内的各种潜在影响因素对氮肥施用后植株光合速率影响的贡献，以及氮肥通过影响植株光合速率进一步对整株鲜重、青贮玉米产量及品质影响的贡献（图 8-6）。结果发现，施用氮肥显著影响土壤酶活性（0.36）、微生物量（0.40）、氮素积累量（0.25），氮肥通过土壤酶活性对植株光合速率的影响最高，为 0.67，植株净光合速率极显著地影响了青贮玉米整株鲜重（0.63）。整株鲜重极显著影响了青贮玉米植株产量，其中对生物产量（0.94）的影响大于对生物鲜重（0.92）的影响，整株鲜重对青贮玉米粗蛋白（0.92）、粗脂肪（0.75）、相对饲用价值（0.64）均有显著性影响。通过 SEM 发现，氮肥通过改变土壤酶活性、微生物量及氮素积累量来影响青贮玉米净光合速率，进一步改变整株鲜重，从而影响青贮玉米产量及品质。

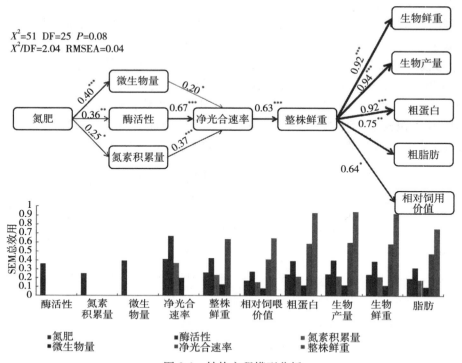

图 8-6 结构方程模型分析

注：连续箭头表示显著关系。与箭头方向相同的邻接数表示路径系数，箭头的宽度与路径系数的程度成正比。红色箭头表示正相关关系（参见彩图26）。＊表示 $P<0.05$，＊＊表示 $P<0.01$，＊＊＊表示 $P<0.001$。由 SEM 计算的标准化总效应（直接加间接效应）显示在 SEM 下方。SEM 中所列的低卡方（X^2）、非显著概率水平（$P>0.05$）和低均方根误差（RMSEA <0.05）表明数据与假设模型相匹配。

8.4 讨论

8.4.1 施氮水平对青贮玉米氮素吸收、转移的影响

本研究表明，施氮有利于促进玉米植株的氮素吸收与累积，施氮量在 $240\sim300kg/hm^2$ 可以满足青贮玉米植株对氮素的需求，过量施氮会造成氮素的冗余，这与刘昕萌[214]研究结果一致。邹晓锦等[215]研究表明，土壤氮素盈余量及氮素淋洗量随着施氮量的增加而增多。本研究中，2019 年土壤氮素含量随施氮量的增加而增高，且 N16、N20、N24 处理间无显著性差异，而从拔节期到收获期，N24 处理下，玉米植株中的氮素积累量显著小于 N16 和 N20 处理，表明过量施氮会造成大量氮素在土壤累积与损失。缓控释肥料合理施用可以提高农田氮素的供应水平，是提高产量的重要步骤[216]。本研究中，大喇叭口期，土壤氮素含量达到峰值，这是由于缓控释肥养分释放的速率与气温及

作物养分需求有关。当气温升高时，玉米生长速率加快，从而使得缓控释肥养分释放速度加快，相反，在玉米生长初期及后期，环境温度较低，植株生长变缓，从而使养分释放速率降低[217]，因此，作物生长发育的需肥规律与养分释放速率相一致，有利于为作物提供充分的养分，进而提高氮肥利用率[218]。

有研究指出，在玉米生长后期，营养器官中的氮素向籽粒中分配比例对产量有着决定性的作用[219]。Ma[220]研究发现，玉米茎鞘中的氮在籽粒成熟的过程中向籽粒中转移，且茎鞘和叶片是籽粒中氮含量的主要的来源。丁民伟等[221]研究也表明玉米开花以后，籽粒中氮素的65％以上是由茎叶转运积累的。氮肥的施用显著影响了玉米氮素的积累及分配。李强等[222]指出，相较生育中前期，氮肥施用对玉米生育后期氮素分配比例的影响更大，且氮肥施用显著影响了叶片和茎鞘的氮素分配，而对雌穗氮素分配影响不大。本研究中，在青贮玉米生长期，叶片中氮素含量始终高于茎；从抽雄期开始，玉米由营养生长转向生殖生长后，氮素向苞叶及籽粒转移；到收获期籽粒中氮素含量呈现随施氮量增加先增高后降低的趋势，2018年与2019年最大值分别在N16（1.40％）与N20处理（1.38％），这与前人研究结果一致。王进军等[223]研究表明氮素供应不足，势必引起叶片早衰，而过量施用氮肥则会由于营养体氮代谢过旺，导致运往籽粒的氮素减少。因此，适宜施氮量有助于营养器官中的氮素向生殖器官中转移，而过量施氮，则抑制了籽粒中氮素的积累。

8.4.2　青贮玉米氮素积累量对氮肥施入的响应

土壤中的氮素被植物吸收后会被分配到各个器官，以不同的形态参与其生命活动。大量研究表明，施入氮肥显著提高了玉米氮素积累量[224]。本研究中，相比N0，施入氮肥后显著提高了青贮玉米氮素积累量，且施氮量在180～300kg/hm² 时，青贮玉米植株氮素积累量最高，而超过该施氮范围，继续增加施氮量反而降低植株氮素积累量，这与前人研究结果一致[86]。李强[224]研究也表明，随着施氮量的增加，不同玉米品种氮素积累呈先增高后降低的变化趋势，且玉米氮素积累速率表现出随生育进程先升高后降低的趋势[225]。本研究中，青贮玉米氮素积累量在各生育期变化趋势与干物质量变化趋势一致。可能是由于包括硝酸还原酶、谷氨酰胺合成酶、谷氨酸合酶及谷氨酸脱氢酶在内的植株氮代谢关键酶的活性高低与土壤的供肥能力密切相关。施用氮肥后增加了土壤中氮素含量，从而保证了玉米叶片中氮代谢酶机制的畅通和高效运转，玉米叶片中氮代谢酶活性增高为干物质的积累创造了条件[226]。

前人研究表明，小麦、玉米氮素吸收累积曲线呈S形[131]。而本研究中，青贮玉米植株氮素积累量随着生长天数的增长呈二次项型正相关增长，在拔节期—抽雄期积累速率最快，直至收获期植株氮素仍呈积累趋势。文雯等[227]对不同施氮量下青贮玉米氮素积累速率的研究表明，在拔节期到灌浆期植株氮累积速率快，灌浆期后速率减缓。江涛[228]研究指出，适宜的施氮量可显著提高玉米主要生育期的氮素吸收速率。本研究中，N16和N20处理氮素积累速率高于其他施氮处理，且呈近线性增加趋势，收获期仍有较快的氮素积累速率，这可能是由于青贮玉米相比普通玉米品种生育期长且收获期较早，适宜的施氮量延缓了后期玉米叶片衰老进程[229]，在收获时仍有大量干物质及氮素的积累。因此，适宜的施氮量对青贮玉米植株氮素积累量的增加具有一定的积极作用，而过高的施氮量属于无效投入。

8.4.3 施氮水平对青贮玉米氮肥利用率的影响

提高氮肥利用率和增加作物产量，是减少环境污染、增加农民收入和促进农业可持续发展的重要目标[230]。缓释肥的农学利用效率显著高于速效肥一次施入和分次施入的农学效率[231]，大量田间试验表明，施用氮肥可以在一定程度提高作物产量，但氮肥施用过量则会造成作物氮利用率下降[232]，合理地施用氮肥可以促进作物对氮素的吸收和利用，从而提高肥料的利用率[233]。本研究中，氮肥偏生产力随着施氮量的增多逐渐降低，N8处理较其他施氮处理高出32.43%～191.73%。盖兆梅等[234]研究表明，随着氮素施入量的增加，玉米偏生产力表现出先增大后减小的趋势。但也有研究报道，氮肥农学利用率和氮肥偏生产力均随施氮肥水平的增加而降低[224]，这可能与不同地区的土壤肥力、品种类型、氮肥运筹等有关。本研究中，2019年各施氮处理氮肥偏生产力均小于2018年，表明在连续定位施氮条件下，会造成青贮玉米减产，与前人研究结果一致。晁晓乐[235]研究也表明，在连续施氮条件下，第二年不同基因型玉米氮肥偏生产力均小于上一年。较高氮肥偏生产力往往伴随着玉米产量的降低，因此，协调二者的矛盾需要保证产量的稳步提升，研究氮肥的农学利用率，可以避免玉米对于氮素的奢侈吸收。

本研究中，2018年N16处理氮肥农学利用率最高为73.68%，2019年氮肥农学利用率随施氮量的增加逐渐降低，N8、N12和N16处理氮肥农学利用率高于其他处理，且相互间无显著差异。表明在保证产量的基础上，N16处理能够更有效地利用土壤中的氮素，而过高的氮肥施入量会造成氮素的损失，这与张雨寒[160]研究结果一致。另外，本研究中，N0处理氮收获指数高于其他施氮处理，表明在青贮玉米收获时，不施氮肥会促使植株营养体物质大量向籽粒转移，进一步证明了不施氮肥会导致植株早衰，使营养体提早死亡[236]。

8.4.4 连续定位施入氮肥对青贮玉米田地力平衡的影响

合理施氮除了要考虑作物的产量和经济效益等指标外，还应同时将施肥后植物-土壤系统的氮素平衡状况和氮素去向考虑在内。侯云鹏等[237]研究表明，与普通尿素相比，树脂包膜尿素不仅显著提高了玉米氮素携出量，而且显著降低了土壤氮素损失量。不同施氮量对作物收获后土壤地力的影响不一。本研究中，2019 年，收获期 N0 和 N8 处理土壤中氮素含量均小于 2018 年收获期，而其他施氮处理 2019 年收获期土壤氮素含量则高于 2018 年收获期。表明在连续定位施氮条件下，低氮处理的玉米生产从土壤中吸收了大量氮素用于自身生长发育，而高氮处理在连续施氮下则会造成土壤氮素的冗余。Ju 等[238]研究表明，当施氮量低于目标产量需求时，作物产量与植株含氮量均降低，作物会大量吸收土壤中富集的氮素来维持生长，这种情况是以耗竭土壤氮为代价的，虽提高了氮肥利用率，但没有达到目标产量，而且消耗了土壤氮库。巨晓棠[239]认为，过量施氮会使作物产量与最佳施氮量持平，或因倒伏、病虫害等原因减产，而作物氮素积累量会因奢侈吸收而增加了籽粒及秸秆中的氮素，此时氮素利用率会很低。因此，过量施氮不仅没有使作物增产，反而增加了土壤中氮素的残留和损失量。本研究中，N12 及 N16 处理 2019 年各土层氮素含量与 2018 相比，增加了 $0.002\sim0.009\mathrm{mg/g}$，小于其他高氮处理，因此更好地维持了土壤中氮素的平衡，减少了氮肥损失量。

8.5　小结

（1）不同施氮量对青贮玉米田土壤氮素含量有显著影响。青贮玉米田土壤氮素含量在大喇叭口期最高，在营养生长阶段，氮素含量随着土层深度的增加逐渐降低，生殖生长阶段，氮素主要在耕层土壤中富集；从拔节期到收获期，施氮量在 $240\sim300\mathrm{kg/hm^2}$，可以满足青贮玉米植株对氮素的需求，过量施氮会造成氮素冗余于土壤中。

（2）在青贮玉米整个生育期，叶片的氮素含量始终高于茎。不同施氮水平下青贮玉米植株氮素积累量随生长期的延长逐渐增高，且与生长天数呈二次项型正相关增长，其中 N16 及 N20 处理呈近线性增加趋势。氮素积累速率随着生长期的延长呈先增高后降低的变化趋势，相比 N0，施入氮肥会不同程度加快青贮玉米植株氮素积累速率，且从苗期到收获期，N16 和 N20 处理植株氮素积累速率连续两年均高于其他处理。

（3）氮肥偏生产力随着施氮量的增加而逐渐降低；N0 处理氮收获指数高于其他施氮处理。氮肥农学利用率在 2018 年 N16 处理氮肥利用效率最高，为73.68%，2019 年随施氮量的增加逐渐降低，N8、N12 及 N16 处理高于其他处理，且 N8、N12 及 N16 相互间无显著差异。因此，N16 处理能够更有效地利用土壤氮素，而过高的氮肥施入量会造成氮素的损失。

（4）通过 SEM 分析发现，氮肥通过改变土壤酶活性、微生物量及氮素积累量来影响青贮玉米净光合速率，进一步改变整株鲜重，从而影响青贮玉米产量及品质。

■ 第九章　结论与展望

9.1　主要结论

合理运筹氮肥，实现青贮玉米高产稳产，是提高农民经济收益、保护生态环境的重要措施。本研究通过两年（2018—2019 年）连续定位施氮试验，阐明了不同施氮水平下各生育时期青贮玉米田土壤酶活性及微生物量动态变化特征、青贮玉米根系各空间结构微生物群落对氮肥的响应机制、青贮玉米各器官干物质积累及干物质分配比例的变化特征、青贮玉米收获期品质对氮肥的响应，以及青贮玉米植株、土壤氮素转移利用规律，以期明确农牧交错区青贮玉米栽培的氮肥最佳施用量。主要得到以下结论：

（1）施入氮肥不同程度地增加了青贮玉米田土壤酶活性及微生物量，从而有效促进了土壤中氮素的分解及微生物对碳和氮的固持。随着生育期的推进，青贮玉米田土壤酶活性及微生物量总体呈先增加后降低的变化趋势，最大值分布在大喇叭口期—抽雄期，且相比 0～20cm 土层，较深的土层在增加了过氧化氢酶活性的同时降低了脲酶活性及 MBC、MBN 含量。N16 处理能有效促进土壤酶活性及微生物量的增加，施氮过多抑制了土壤酶活性和微生物生长繁殖。

（2）施氮显著影响了青贮玉米根系不同空间结构微生物的丰度、多样性以及群落组成，且真菌群落是青贮玉米根系空间中对氮肥最敏感的微生物群落。随着空间结构越接近根系，微生物群落丰度和细菌群落多样性越低，氮肥对细菌和真菌群落组成影响强度也随着空间结构的内移逐渐减弱，但相比非根际和根际土壤中细菌群落，根内细菌群落间联系更加紧密，群落间竞争减弱。本研究检测到分别占整个差异菌群 26.95％、22.70％的细菌及真菌群落在 N16 处理下富集，在短期施入氮肥的条件下，N16 处理有助于青贮玉米根系不同空间结构微生物群落之间形成更加紧密的联系，而更高施氮水平则会减弱这种联系。N16 处理有助于加强微生物之间的联系，从而提高其对环境的适应性。

（3）施入氮肥不同程度增加了拔节期—收获期青贮玉米株高、鲜重及干物质量，同时提高了青贮玉米干物质积累速率，延后了快速增长期。2018 年、2019 年施氮处理的干物质积累最大增速分别较对照高出 25.50％～135.86％、24.58％～75.14％。2018 年 N16、N20 及 N24 最大增速及平均增速分别在

4.71～5.92g/（d·株）及 4.13～5.19g/（d·株）；2019 年 N12、N16 及 N20 处理最大增速及平均增速分别在 4.35～5.43g/（d·株）及 4.96～6.20g/（d·株）。苗期到大喇叭口期，茎在干物质量中的分配比例不受到施氮量的影响，抽雄期到收获期，N16 及 N20 处理更有利于茎、叶中积累的干物质向生殖器官转运。在收获期，青贮玉米生物鲜重及生物产量在 N16 处理最高，2018 年、2019 年生物鲜重分别为 91.63t/hm²、79.06t/hm²，生物产量分别为 38.75t/hm²、31.96t/hm²。

（4）施入氮肥不同程度改善了青贮玉米各项光合指标，有助于光合产物的累积。随生育期的推进，叶面积指数、叶绿素含量、净光合速率、蒸腾速率、气孔导度均表现为抽雄期＞大喇叭口期＞拔节期＞苗期的变化趋势。随着施氮水平的增加，胞间 CO_2 浓度呈先降低后升高的变化趋势，其余各项光合指标呈先增加后降低的变化趋势，并且最大值主要分布在 N16 处理。在青贮玉米生长旺盛的抽雄期，N16 处理在 2018 年、2019 年净光合速率最高，分别为 36.30μmol/（m²·s）、39.31μmol/（m²·s）。青贮玉米鲜重及干物质量与光合指标间紧密相关，其中叶面积指数是影响青贮玉米光合干物质生产的重要因素。

（5）在连续定位施氮条件下，施入氮肥不同程度提高了青贮玉米的营养品质。施氮量在 0～240kg/hm² 范围内，CP、EE、淀粉及 RFV 含量随着施氮量的增加而增高，但超过 240kg/hm² 后，再增加施氮量，各品质指标逐渐降低；施入氮肥不同程度降低了 ADF 及 NDF 含量。2018 年、2019 年，N16 处理相对饲用价值分别较其他处理高出了 1.57％～10.63％、0.84％～39.23％。青贮玉米生物鲜重、生物产量与 CP、EE、淀粉含量以及 RFV 间呈显著正相关（$P<0.05$），与 ADF、NDF 呈负相关。

（6）施入氮肥显著提高了青贮玉米氮素积累量，适宜施氮量有助于植株氮素的积累及青贮玉米田土壤氮素的平衡，减少氮肥损失。青贮玉米田土壤氮素含量在大喇叭口期最高，从拔节期到收获期，施氮量在 240～300kg/hm²，可以满足青贮玉米植株对氮素的需求，过量施氮会造成植株氮素积累量降低且氮素冗余于土壤中。不同施氮水平下青贮玉米植株氮素积累量随生长期的延长逐渐增高，且与生长天数呈二次项型正相关增长，其中 N16 及 N20 处理呈近线形增加趋势。N16 处理下，植株氮素积累量（Y）和生长天数（X）间的回归方程为 $Y_{N16}=0.012\ 5X^2+1.198\ 0X-12.147\ 6$。氮肥农学利用率在 2018 年 N16 处理最高，为 73.68％，2019 年 N8、N12 及 N16 处理氮肥农学利用率高于其他高氮处理，且相互间无显著差异。因此，N16 处理能够更有效利用施入氮肥，过高的氮肥施入量会造成氮素的损失。

综上所述，经过两年连续氮肥定位试验表明，施用氮肥通过改变土壤酶活性、微生物量及植株氮素积累量，来影响青贮玉米净光合速率，进一步改变整株鲜重而影响青贮玉米产量及饲用品质。青贮玉米施氮量为 240kg/hm² 时，土壤微生物量及酶活性处于较高水平，更有助于微生物对碳和氮的固持以及植株内氮素的积累，进而改善青贮玉米光合性能、产量和营养品质，并提高青贮玉米的氮肥利用效率。因此，在农牧交错区滴灌条件下，青贮玉米最佳施氮水平为 240kg/hm²。

9.2　研究创新点

（1）明确了相较于细菌群落，真菌是青贮玉米根系空间结构中对氮肥最敏感的微生物群落，其中非根际土壤中的真菌群落对氮肥施入量的响应最为敏感，且适宜的施氮量（240kg/hm²）有助于加强青贮玉米-氮素-微生物的相互作用，从而提高植株对环境的适应性。

（2）揭示了青贮玉米氮素调控机制。适宜施氮量（240kg/hm²）能够增加土壤酶活性、微生物量，有助于青贮玉米植株氮素吸收及营养器官中的氮素向生殖器官转运，从而改善青贮玉米净光合速率，进一步促进整株鲜重的增加，最终提高青贮玉米产量及饲用品质，同时有利于氮素高效利用，并维持农田土壤氮素的平衡。

9.3　工作不足与展望

本研究结果揭示了土壤-青贮玉米间的氮素调控机制，明确了滴灌条件下青贮玉米最佳施氮量和较经济的氮素利用效率，为探究不同施氮水平下青贮玉米根系空间微生物群落组成变化提供了有价值的信息，为农牧交错区青贮玉米高产稳产提供理论依据及实践基础，但仍然有许多方面需要进一步深入研究。

（1）本研究结果表明，N12 及 N16 处理能够更有效地协调青贮玉米植物-土壤系统中氮素平衡，减少了氮素损失，但氮素的具体损失途径还需进一步研究。

（2）本研究中，不同施氮量对青贮玉米田土壤氮素含量有显著影响，且施入氮肥显著提高了玉米氮素积累量，但本研究并没有涉及不同施氮量对不同形态氮含量的影响。因此，下一步应对不同施氮量下，青贮玉米田土壤铵态氮及硝态氮等不同形态氮含量进行测定。

（3）本研究提供了短期施氮水平下青贮玉米田土壤微生物在不同空间结构的变化，但并未对各取样点间菌群如何联系进行深入挖掘。本研究发现土壤的非生物因素变化会对微生物菌群造成影响，但在玉米生长期仍然需要更加广泛的时间尺度进行重复来证明该种差异。此外，长期的氮肥施入会影响到作物的生化性质，从而进一步影响到微生物群落。因此需要进一步进行实验研究，以解开各空间结构微生物群间相互联系的生物及非生物驱动因素。

（4）合理的氮肥运筹可以有效提高青贮玉米产量和氮素利用效率。本研究中，氮肥通过改变土壤酶活性、微生物量及氮素积累量来影响青贮玉米净光合速率，进一步改变整株鲜重从而影响青贮玉米产量及品质。前人对于不同施氮量下籽粒玉米的高产高效机制进行了大量的研究，但对于农牧交错区青贮玉米高产高效的分子机制，仍需深入研究。

附录一　LEfSe 分析揭示对氮肥处理敏感的细菌生物标志物

取样点	门	纲	目	科	富集处理
非根际土壤	Deinococcus _ Thermus				SNO
	Proteobacteria	Deltaproteobacteria	Myxococcales	unclassified	SNO
	Actinobacteria	Actinobacteria	Micrococcales	Micrococcaceae	SNO
	Deinococcus _ Thermus	Deinococci	Deinococcales		SNO
	Actinobacteria	Actinobacteria	Micrococcales	Microbacteriaceae	SNO
	Proteobacteria	Gammaproteobacteria	HTA4	norank _ o _ _ HTA4	SNO
	Proteobacteria	Alphaproteobacteria	Sphingomonadales		SNO
	Proteobacteria	Alphaproteobacteria	Rhodobacterales	Rhodobacteraceae	SNO
	Gemmatimonadetes	Gemmatimonadetes	Longimicrobiales	Longimicrobiaceae	SNO
	Proteobacteria	Betaproteobacteria	Burkholderiales	Comamonadaceae	SNO
	Actinobacteria	Actinobacteria	Micrococcales		SNO
	Proteobacteria	Gammaproteobacteria	HTA4		SNO
	Deinococcus _ Thermus	Deinococci			SNO
	Proteobacteria	Alphaproteobacteria	Rhodobacterales		SNO
	Proteobacteria	Alphaproteobacteria			SNO
	Proteobacteria	Deltaproteobacteria	Oligoflexales	Oligoflexaceae	SNO

（续）

取样点	门	纲	目	科	富集处理
	Actinobacteria	Actinobacteria	Micrococcales	Cellulomonadaceae	SNO
	Proteobacteria	Betaproteobacteria	Burkholderiales	Oxalobacteraceae	SNO
	Proteobacteria	Betaproteobacteria	Burkholderiales		SNO
	Proteobacteria	Deltaproteobacteria	Myxococcales	Blfdi19	SNO
	Proteobacteria	Alphaproteobacteria	Sphingomonadales	Sphingomonadaceae	SNO
	Gemmatimonadetes	Gemmatimonadetes	Longimicrobiales		SNO
	Fibrobacteres	Fibrobacteria	Fibrobacterales	Fibrobacteraceae	SN8
	Proteobacteria	Alphaproteobacteria	Rhizobiales	Rhizobiaceae	SN8
	Firmicutes	Bacilli	Bacillales	unclassified _ o _ Bacillales	SN8
非根际土壤	Actinobacteria	Actinobacteria	Glycomycetales	Glycomycetaceae	SN8
	Firmicutes	Bacilli	Bacillales ·		SN8
	Actinobacteria	Actinobacteria	Streptomycetales	Streptomycetaceae	SN8
	Proteobacteria	Alphaproteobacteria	Caulobacterales	Caulobacteraceae	SN8
	Proteobacteria	Deltaproteobacteria	Myxococcales	Vulgatibacteraceae	SN8
	Firmicutes	Bacilli	Bacillales	Bacillaceae	SN8
	Proteobacteria	Alphaproteobacteria	Rickettsiales	norank _ o _ Rickettsiales	SN8
	Bacteroidetes	Sphingobacteriia	Sphingobacteriales	env _ OPS _ 17	SN8
	Actinobacteria	Actinobacteria	Glycomycetales		SN8
	Proteobacteria	Alphaproteobacteria	Caulobacterales		SN8
	Actinobacteria	Actinobacteria	Streptomycetales		SN8

附录一 LEfSe分析揭示对氮肥处理敏感的细菌生物标志物

（续）

取样点	门	纲	目	科	富集处理
	Firmicutes				SN8
	Proteobacteria	Alphaproteobacteria	Rhizobiales	Phyllobacteriaceae	SN8
	Proteobacteria	Alphaproteobacteria	Rhizobiales	Bradyrhizobiaceae	SN8
	Bacteroidetes	Sphingobacteriia	Sphingobacteriales	NS11_12_marine_group	SN8
	Proteobacteria	Betaproteobacteria	Burkholderiales	Alcaligenaceae	SN8
	Firmicutes	Bacilli	Bacillales	Planococcaceae	SN8
	Firmicutes	Bacilli			SN8
	Proteobacteria	Deltaproteobacteria	NB1_j		SN24
	Proteobacteria	Gammaproteobacteria	Enterobacteriales		SN24
	Proteobacteria	Gammaproteobacteria	Enterobacteriales	Enterobacteriaceae	SN24
	Actinobacteria	Actinobacteria	Solirubrobacterales	288_2	SN24
	Actinobacteria	Actinobacteria	Solirubrobacterales	Solirubrobacteraceae	SN24
非根际土壤	Proteobacteria	Deltaproteobacteria	NB1_j	norank_o__NB1_j	SN24
	Proteobacteria	Alphaproteobacteria	Rhodospirillales		SN24
	Actinobacteria	Actinobacteria	Propionibacteriales	Nocardioidaceae	SN20
	Acidobacteria	Acidobacteria	Subgroup_10		SN20
	Acidobacteria	Acidobacteria	Subgroup_10	ABS_19	SN20
	Bacteroidetes	Sphingobacteriia	Sphingobacteriales	Saprospiraceae	SN20
	Actinobacteria	Actinobacteria	Micrococcales	Intrasporangiaceae	SN20
	Actinobacteria	Actinobacteria	norank_c__Actinobacteria		SN20

（续）

取样点	门	纲	目	科	富集处理
	Proteobacteria	Alphaproteobacteria	Rhizobiales	Rhodobiaceae	SN20
	Proteobacteria	Gammaproteobacteria	Salinisphaerales		SN20
	Proteobacteria	Gammaproteobacteria	Salinisphaerales	Salinisphaeraceae	SN20
	Actinobacteria	Actinobacteria	norank_c__Actinobacteria	norank_c__Actinobacteria	SN20
	Actinobacteria	Actinobacteria	Acidimicrobiales	OM1_clade	SN20
	Proteobacteria	Alphaproteobacteria	Rhodospirillales	Rhodospirillaceae	SN20
	Proteobacteria	Alphaproteobacteria	Caulobacterales	Hyphomonadaceae	SN20
	Actinobacteria	Actinobacteria	Solirubrobacterales	Elev_16S_1332	SN16
	Gemmatimonadetes	Gemmatimonadetes			SN16
非根际土壤	Armatimonadetes	Fimbriimonadia	Fimbriimonadales	Fimbriimonadaceae	SN16
	Actinobacteria	Actinobacteria	Gaiellales		SN16
	Gemmatimonadetes				SN16
	Proteobacteria	Deltaproteobacteria	SAR324_clade_Marine_group_B_		SN16
	Proteobacteria	Alphaproteobacteria	Rhodospirillales	Rhodospirillales_Incertae_Sedis	SN16
	Actinobacteria	Actinobacteria	Propionibacteriales	unclassified_o__Propionibacteriales	SN16
	Proteobacteria	Betaproteobacteria	SC_I_84		SN16
	Actinobacteria	Actinobacteria	Acidimicrobiales	norank_o__Acidimicrobiales	SN16
	Actinobacteria	Actinobacteria	Frankiales	Sporichthyaceae	SN16
	Actinobacteria	Actinobacteria	Pseudonocardiales	Pseudonocardiaceae	SN16
	Verrucomicrobia	OPB35_soil_group			SN16

（续）

取样点	门	纲	目	科	富集处理
	Acidobacteria	Acidobacteria			SN16
	Proteobacteria	unclassified_p__Proteobacteria	unclassified_p__Proteobacteria		SN16
	Actinobacteria	Actinobacteria	Acidimicrobiales		SN16
	Actinobacteria	Actinobacteria	Gaiellales	unclassified_o__Gaiellales	SN16
	Actinobacteria	Actinobacteria	Acidimicrobiales	Acidimicrobiaceae	SN16
	Verrucomicrobia	OPB35_soil_group	norank_c__OPB35_soil_group	norank_c__OPB35_soil_group	SN16
	Actinobacteria	Actinobacteria	Propionibacteriales	Propionibacteriaceae	SN16
	Actinobacteria	Actinobacteria	Solirubrobacterales	unclassified_o__Solirubrobacterales	SN16
	Actinobacteria	Actinobacteria	Pseudonocardiales		SN16
非根际土壤	Proteobacteria	Alphaproteobacteria	Rhizobiales	Neo_b11	SN16
	Proteobacteria	unclassified_p__Proteobacteria			SN16
	Tectomicrobia	Tectomicrobia_Incertae_Sedis			SN16
	Proteobacteria	Alphaproteobacteria	Rhizobiales	unclassified_o__Rhizobiales	SN16
	Actinobacteria	Actinobacteria	Rubrobacterales		SN16
	Actinobacteria	Actinobacteria	Frankiales		SN16
	Proteobacteria	Gammaproteobacteria	Acidiferrobacterales	Acidiferrobacteraceae	SN16
	Actinobacteria	Actinobacteria	Propionibacteriales		SN16
	Actinobacteria	Actinobacteria			SN16
	Actinobacteria	Actinobacteria	Gaiellales	norank_o__Gaiellales	SN16
	Tectomicrobia	norank_p__Tectomicrobia	norank_p__Tectomicrobia		SN16

（续）

取样点	门	纲	目	科	富集处理
	Proteobacteria	Deltaproteobacteria	SAR324_clade_Marine_group_B_	norank_o__SAR324_clade_Marine_group_B_	SN16
	Acidobacteria	Acidobacteria	Subgroup_7		SN16
	Proteobacteria	Gammaproteobacteria	Acidiferrobacterales		SN16
	Tectomicrobia	norank_p__Tectomicrobia	norank_p__Tectomicrobia	norank_p__Tectomicrobia	SN16
	Tectomicrobia	Tectomicrobia_Incertae_Sedis	Unknown_Order_c__Tectomicrobia_Incertae_Sedis		SN16
	Armatimonadetes	Fimbriimonadia	Fimbriimonadales		SN16
	Tectomicrobia	Tectomicrobia_Incertae_Sedis	Unknown_Order_c__Tectomicrobia_Incertae_Sedis	Unknown_Family_o__Unknown_Order_c__Tectomicrobia_Incertae_Sedis	SN16
非根际土壤	Actinobacteria	Actinobacteria			SN16
	Chloroflexi				SN16
	Proteobacteria	unclassified_p__Proteobacteria	unclassified_p__Proteobacteria	unclassified_p__Proteobacteria	SN16
	Tectomicrobia	norank_p__Tectomicrobia			SN16
	Actinobacteria	Actinobacteria	Gaiellales	Gaiellaceae	SN16
	Armatimonadetes				SN16
	Verrucomicrobia				SN16
	Actinobacteria	Actinobacteria	Frankiales	Geodermatophilaceae	SN16
	Gemmatimonadetes	Gemmatimonadetes	Gemmatimonadales		SN16
	Actinobacteria	Actinobacteria	Micromonosporales	Micromonosporaceae	SN16

（续）

取样点	门	纲	目	科	富集处理
	Acidobacteria				SN16
	Tectomicrobia				SN16
	Verrucomicrobia	OPB35_soil_group	norank_c__OPB35_soil_group		SN16
	Armatimonadetes	Fimbriimonadia			SN16
	Proteobacteria	Alphaproteobacteria	Rhizobiales	Xanthobacteraceae	SN16
	Proteobacteria	Betaproteobacteria	SC_I_84	norank_o__SC_I_84	SN16
	Actinobacteria	Actinobacteria	Micromonosporales		SN16
	Acidobacteria	Acidobacteria	Subgroup_7	norank_o__Subgroup_7	SN16
	Actinobacteria	Actinobacteria	Solirubrobacterales		SN16
非根际土壤	Actinobacteria	Actinobacteria	Rubrobacterales	Rubrobacteriaceae	SN16
	Gemmatimonadetes	Gemmatimonadetes	Gemmatimonadales	Gemmatimonadaceae	SN16
	Proteobacteria	Gammaproteobacteria	Pseudomonadales	Pseudomonadaceae	SN12
	Proteobacteria	Betaproteobacteria	Methylophilales	Methylophilaceae	SN12
	Proteobacteria	Alphaproteobacteria	Sphingomonadales	7B_8	SN12
	Bacteroidetes	Flavobacteria	Flavobacteriales	Flavobacteriaceae	SN12
	Fibrobacteres				SN12
	Proteobacteria	Gammaproteobacteria			SN12
	Bacteroidetes	Cytophagia			SN12
	Proteobacteria	Gammaproteobacteria	Xanthomonadales	Solimonadaceae	SN12
	Proteobacteria	Betaproteobacteria	Burkholderiales	Burkholderiaceae	SN12

（续）

取样点	门	纲	目	科	富集处理
非根际土壤	Fibrobacteres	Fibrobacteria			SN12
	Proteobacteria	Gammaproteobacteria	Xanthomonadales		SN12
	Proteobacteria	Gammaproteobacteria	Pseudomonadales	Moraxellaceae	SN12
	Proteobacteria	Betaproteobacteria	Xanthomonadales		SN12
	Proteobacteria	Gammaproteobacteria	Xanthomonadales	Xanthomonadaceae	SN12
	Proteobacteria	Betaproteobacteria	B1_7BS		SN12
	Proteobacteria				SN12
	Bacteroidetes	Cytophagia	Cytophagales	Cytophagaceae	SN12
	Proteobacteria	Alphaproteobacteria	Sphingomonadales	Erythrobacteraceae	SN12
	Bacteroidetes	Flavobacteriia			SN12
	Proteobacteria	Gammaproteobacteria	Pseudomonadales		SN12
	Proteobacteria	Alphaproteobacteria	Sphingomonadales	unclassified_o__Sphingomonadales	SN12
	Bacteroidetes	Flavobacteriia	Flavobacteriales		SN12
	Proteobacteria	Gammaproteobacteria	Oceanospirillales		SN12
	Proteobacteria	Alphaproteobacteria	Sphingomonadales	Ellin6055	SN12
	Proteobacteria	Gammaproteobacteria	Oceanospirillales	Oceanospirillaceae	SN12
	Fibrobacteres	Fibrobacteria	Fibrobacterales		SN12
	Proteobacteria	Betaproteobacteria	B1_7BS	norank_o__B1_7BS	SN12
	Proteobacteria	Betaproteobacteria	Nitrosomonadales	Nitrosomonadaceae	SN12
	Bacteroidetes				SN12

（续）

取样点	门	纲	目	科	富集处理
非根际土壤	Proteobacteria	Betaproteobacteria	Nitrosomonadales		SN12
	Bacteroidetes	Cytophagia	Cytophagales		SN12
	Proteobacteria	Alphaproteobacteria	Rhizobiales	Hyphomicrobiaceae	SN12
	Proteobacteria	Betaproteobacteria	Methylophilales		SN12
	Actinobacteria	Actinobacteria	Solirubrobacterales	0319_6M6	RN0
	Actinobacteria	Actinobacteria	Frankiales		RN0
	Actinobacteria	Actinobacteria	Frankiales	Geodermatophilaceae	RN0
	Proteobacteria	Alphaproteobacteria	Rhizobiales	Neo_b11	RN0
	Proteobacteria	Alphaproteobacteria	Rhizobiales	unclassified_o__Rhizobiales	RN0
	Proteobacteria	Alphaproteobacteria	Rhizobiales	JG34_KF_361	RN0
	Proteobacteria	Gammaproteobacteria	Xanthomonadales	Solimonadaceae	RN12
根际土壤	Proteobacteria	Deltaproteobacteria			RN12
	Actinobacteria	Actinobacteria	Solirubrobacterales	Elev_16S_1332	RN16
	Actinobacteria	Actinobacteria	Gaiellales		RN16
	Actinobacteria	Actinobacteria	Gaiellales	unclassified_o__Gaiellales	RN16
	Actinobacteria	Actinobacteria			RN16
	Actinobacteria	Actinobacteria	Gaiellales	norank_o__Gaiellales	RN16
	Actinobacteria	Actinobacteria			RN16
	Actinobacteria	Actinobacteria	Gaiellales	Gaiellaceae	RN16
	Actinobacteria	Actinobacteria	norank_c__Actinobacteria		RN16

（续）

取样点	门	纲	目	科	富集处理
根际土壤	Actinobacteria	Actinobacteria	norank_c__Actinobacteria	norank_c__Actinobacteria	RN16
	Actinobacteria	Actinobacteria	Solirubrobacterales		RN16
	Proteobacteria	Alphaproteobacteria	Caulobacterales	Caulobacteraceae	RN16
	Proteobacteria	Alphaproteobacteria	Rhodospirillales	MSB_1E8	RN16
	Tectomicrobia				RN16
	Actinobacteria	Actinobacteria	Micrococcales	Micrococcaceae	RN20
	Actinobacteria	Actinobacteria	Micrococcales	unclassified_o__Micrococcales	RN20
	Actinobacteria	Actinobacteria	Micrococcales		RN20
	Bacteroidetes	Flavobacteriia	Flavobacteriales	Flavobacteriaceae	RN20
	Bacteroidetes	Flavobacteriia	Flavobacteriales		RN20
	Bacteroidetes	Flavobacteriia			RN20
	Firmicutes	Bacilli			RN20
	Firmicutes				RN20
	Proteobacteria	Gammaproteobacteria	Pseudomonadales	Pseudomonadaceae	RN20
	Proteobacteria	Gammaproteobacteria	unclassified_c__Gammaproteobacteria		RN20
	Proteobacteria	Gammaproteobacteria			RN20
	Proteobacteria	Deltaproteobacteria	Oligoflexales	0319_6G20	RN20
	Proteobacteria	Gammaproteobacteria	Xanthomonadales	Xanthomonadaceae	RN20
	Proteobacteria	Alphaproteobacteria	Sphingomonadales	Erythrobacteraceae	RN20
	Proteobacteria	Gammaproteobacteria	Cellvibrionales	Cellvibrionaceae	RN20

（续）

取样点	门	纲	目	科	富集处理
	Proteobacteria	Betaproteobacteria	Burkholderiales	Comamonadaceae	RN20
	Proteobacteria	Gammaproteobacteria	Cellvibrionales		RN20
	Proteobacteria	Gammaproteobacteria	Pseudomonadales		RN20
	Proteobacteria	Betaproteobacteria	Burkholderiales	Oxalobacteraceae	RN20
	Proteobacteria	Betaproteobacteria	Burkholderiales		RN20
	Proteobacteria	Gammaproteobacteria	unclassified_c__Gammaproteobacteria	unclassified_c__Gammaproteobacteria	RN20
	Acidobacteria	Acidobacteria	Solibacterales	Solibacteraceae_Subgroup_3_	RN24
	Acidobacteria	Acidobacteria	Solibacterales		RN24
	Bacteroidetes	Cytophagia			RN24
	Bacteroidetes	Sphingobacteria	Sphingobacteriales		RN24
	Bacteroidetes	Sphingobacteria			RN24
	Bacteroidetes				RN24
根际土壤	Bacteroidetes	Cytophagia	Cytophagales		RN24
	Firmicutes	Bacilli	Bacillales	unclassified_o__Bacillales	RN24
	Gemmatimonadetes	Gemmatimonadetes	Longimicrobiales	Longimicrobiaceae	RN24
	Gemmatimonadetes	Gemmatimonadetes	Longimicrobiales		RN24
	Proteobacteria	Deltaproteobacteria	Myxococcales	Phaselicystidaceae	RN24
	Proteobacteria	Gammaproteobacteria	Xanthomonadales		RN24
	Proteobacteria	Alphaproteobacteria	Sphingomonadales		RN24
	Proteobacteria				RN24

（续）

取样点	门	纲	目	科	富集处理
根际土壤	Proteobacteria	Alphaproteobacteria	Sphingomonadales	unclassified_o__Sphingomonadales	RN24
	Proteobacteria	Alphaproteobacteria	Sphingomonadales		RN24
	Proteobacteria	Alphaproteobacteria	Sphingomonadales	Sphingomonadaceae	RN24
	Proteobacteria	Deltaproteobacteria	Oligoflexales		RN24
	Acidobacteria	Acidobacteria	Subgroup_10		RN8
	Acidobacteria	Acidobacteria			RN8
	Acidobacteria	Acidobacteria			RN8
	Actinobacteria	Actinobacteria	Propionibacteriales	Propionibacteriaceae	RN8
	Proteobacteria	Alphaproteobacteria	Rhizobiales	Xanthobacteraceae	RN8
	Tectomicrobia	norank_p__Tectomicrobia			RN8
	Tectomicrobia	norank_p__Tectomicrobia	norank_p__Tectomicrobia		RN8
	Tectomicrobia	norank_p__Tectomicrobia	norank_p__Tectomicrobia	norank_p__Tectomicrobia	RN8
根内	Acidobacteria	Acidobacteria	Subgroup_10	Sva0725	EN0
	Actinobacteria	Actinobacteria	Solirubrobacterales	288_2	EN0
	Actinobacteria	Actinobacteria	Frankiales		EN0
	Actinobacteria	Actinobacteria	Solirubrobacterales	Solirubrobacteraceae	EN0
	Actinobacteria	Actinobacteria	Frankiales	Geodermatophilaceae	EN0
	Actinobacteria	Actinobacteria	Streptosporangiales	Streptosporangiaceae	EN24
	Actinobacteria	Actinobacteria	Glycomycetales	Glycomycetaceae	EN24
	Actinobacteria	Actinobacteria	Glycomycetales		EN24

（续）

取样点	门	纲	目	科	富集处理
	Actinobacteria	Actinobacteria	Streptomycetales	Streptomycetaceae	EN8
	Actinobacteria	Actinobacteria	Streptomycetales	Streptomycetaceae	EN8
	Actinobacteria	Actinobacteria	Acidimicrobiales	OM1_clade	EN8
	Bacteroidetes	Cytophagia	Cytophagales		EN0
	Bacteroidetes	Cytophagia	Cytophagales	Cytophagaceae	EN0
	Bacteroidetes	Cytophagia	Cytophagales		EN0
	Bacteroidetes	Sphingobacteria	Sphingobacteriales	Sphingobacteriaceae	EN20
	Bacteroidetes				EN8
	Chloroflexi	Chloroflexia	Chloroflexales	Oscillochloridaceae	EN8
根内	Gemmatimonadetes	Gemmatimonadetes			EN0
	Gemmatimonadetes	Gemmatimonadetes			EN0
	Gemmatimonadetes	Gemmatimonadetes	Gemmatimonadales		EN0
	Gemmatimonadetes	Gemmatimonadetes	Gemmatimonadales	Gemmatimonadaceae	EN0
	Proteobacteria	Alphaproteobacteria	Rickettsiales	SM2D12	EN12
	Proteobacteria	Alphaproteobacteria	Rhizobiales	Phyllobacteriaceae	EN16
	Proteobacteria	Gammaproteobacteria	Enterobacteriales		EN20
	Proteobacteria	Gammaproteobacteria	Enterobacteriales	Enterobacteriaceae	EN20
	Proteobacteria				EN20
	Proteobacteria	Betaproteobacteria	Burkholderiales	Alcaligenaceae	EN20
	Proteobacteria	Alphaproteobacteria	Rhizobiales	Rhizobiaceae	EN24

（续）

取样点	门	纲	目	科	富集处理
	Proteobacteria	Alphaproteobacteria	Rhizobiales		EN24
	Proteobacteria	Alphaproteobacteria			EN24
	Proteobacteria	Alphaproteobacteria	Rhizobiales	Hyphomicrobiaceae	EN24
根内	Proteobacteria	Gammaproteobacteria	Cellvibrionales	Cellvibrionaceae	EN8
	Proteobacteria	Gammaproteobacteria	Cellvibrionales		EN8
	Verrucomicrobia				EN0

附录二 LEfSe 分析揭示对氮肥处理敏感的真菌生物标志物

取样点	门	纲	目	科	富集处理
	Ascomycota	Dothideomycetes	Botryosphaeriales		SN0
	Ascomycota	Pezizomycetes	Pezizales	Sarcosomataceae	SN0
	Ascomycota	Sordariomycetes	Sordariales	Cephalothecaceae	SN0
	Ascomycota	Dothideomycetes	Botryosphaeriales	Botryosphaeriaceae	SN0
	Ascomycota	Sordariomycetes	norank_c__Sordariomycetes	Glomerellaceae	SN0
	Basidiomycota	Agaricomycetes	Agaricales	Psathyrellaceae	SN0
非根际土壤	Basidiomycota	Tremellomycetes			SN0
	Basidiomycota	Tremellomycetes	Tremellales	norank_o__Tremellales	SN0
	Basidiomycota	Tremellomycetes	Tremellales		SN0
	Chytridiomycota	Chytridiomycetes	Spizellomycetales		SN0
	Chytridiomycota	Chytridiomycetes	Spizellomycetales	Spizellomycetaceae	SN0
	Ascomycota	Sordariomycetes	Hypocreales	Nectriaceae	SN12
	Ascomycota	Sordariomycetes			SN12
	Ascomycota	Sordariomycetes	Hypocreales		SN12
	Ascomycota	Sordariomycetes			SN12

（续）

取样点	门	纲	目	科	富集处理
	Ascomycota	Sordariomycetes	Hypocreales	Bionectriaceae	SN12
	Ascomycota	Pezizomycetes	Pezizales	Pyronemataceae	SN12
	Glomeromycota	Glomeromycetes	unclassified_c__Glomeromycetes	unclassified_c__Glomeromycetes	SN12
	Glomeromycota	Glomeromycetes	unclassified_c__Glomeromycetes	unclassified_c__Glomeromycetes	SN12
	Ascomycota	Pezizomycetes	Pezizales		SN16
	Ascomycota	Sordariomycetes	Xylariales	unclassified_o__Xylariales	SN16
	Ascomycota	Eurotiomycetes	Eurotiales	Trichocomaceae	SN16
	Ascomycota	Sordariomycetes	Xylariales	norank_o__Xylariales	SN16
	Ascomycota	Leotiomycetes	Helotiales	unclassified_o__Helotiales	SN16
非根际 土壤	Ascomycota	Pezizomycetes			SN16
	Ascomycota	Eurotiomycetes	Eurotiales		SN16
	Ascomycota	Eurotiomycetes			SN16
	Ascomycota	Leotiomycetes	unclassified_c__Leotiomycetes	unclassified_c__Leotiomycetes	SN16
	Ascomycota	Sordariomycetes	Hypocreales	Cordycipitaceae	SN16
	Ascomycota	Leotiomycetes	Helotiales	norank_o__Helotiales	SN16
	Ascomycota	Dothideomycetes	Pleosporales	Leptosphaeriaceae	SN16
	Ascomycota	Leotiomycetes	unclassified_c__Leotiomycetes	unclassified_c__Leotiomycetes	SN16
	Chytridiomycota	Chytridiomycetes			SN16
	Chytridiomycota	Chytridiomycetes	Olpidiales	Olpidiaceae	SN16
	Chytridiomycota	Chytridiomycetes	Olpidiales		SN16

（续）

取样点	门	纲	目	科	富集处理
	Chytridiomycota				SN16
	Glomeromycota	Glomeromycetes			SN16
	Glomeromycota				SN16
	Glomeromycota	Glomeromycetes	Glomerales	Glomeraceae	SN16
	Glomeromycota	Glomeromycetes	Glomerales	Claroideoglomeraceae	SN16
	Glomeromycota	Glomeromycetes	Glomerales		SN16
	Ascomycota	Leotiomycetes	Helotiales	Helotiaceae	SN20
	Ascomycota	Sordariomycetes	Microascales		SN20
	Ascomycota	Eurotiomycetes	Chaetothyriales	norank_o__Chaetothyriales	SN20
非根际土壤	Ascomycota	Sordariomycetes	Magnaporthales		SN20
	Ascomycota	Dothideomycetes	Pleosporales	norank_o__Pleosporales	SN20
	Ascomycota	Sordariomycetes	Microascales	unclassified_o__Microascales	SN20
	Ascomycota	Sordariomycetes	Xylariales	Hyponectriaceae	SN20
	Ascomycota	Leotiomycetes	Thelebolales	Thelebolaceae	SN20
	Ascomycota	Leotiomycetes			SN20
	Ascomycota	Pezizomycetes	Pezizales	unclassified_o__Pezizales	SN20
	Ascomycota	Leotiomycetes	Helotiales		SN20
	Ascomycota	Leotiomycetes	Thelebolales		SN20
	Ascomycota	Sordariomycetes	Magnaporthales	Magnaporthaceae	SN20
	Basidiomycota	Tremellomycetes	Cystofilobasidiales	Cystofilobasidiaceae	SN20

（续）

取样点	门	纲	目	科	富集处理
	Basidiomycota	Tremellomycetes	Cystofilobasidiales		SN20
	Basidiomycota	Agaricomycetes	Agaricales	Bolbitiaceae	SN20
	Basidiomycota	Tremellomycetes	Trichosporonales	Trichosporonaceae	SN20
	Basidiomycota	Tremellomycetes	Trichosporonales		SN20
	Ascomycota	Sordariomycetes	Hypocreales	Clavicipitaceae	SN24
	Ascomycota	Sordariomycetes	norank_c__Sordariomycetes	Plectosphaerellaceae	SN24
	Ascomycota	Dothideomycetes	Pleosporales	Sporormiaceae	SN24
	Ascomycota	Dothideomycetes	Pleosporales		SN24
	Ascomycota	Sordariomycetes	Hypocreales	unclassified_o__Hypocreales	SN24
非根际土壤	Ascomycota	Saccharomycetes	Saccharomycetales	norank_o__Saccharomycetales	SN24
	Ascomycota	Saccharomycetes	Saccharomycetales		SN24
	Ascomycota	Eurotiomycetes	Chaetothyriales		SN24
	Ascomycota	Dothideomycetes	Pleosporales	Montagnulaceae	SN24
	Ascomycota	Orbiliomycetes	Orbiliales		SN24
	Ascomycota	Saccharomycetes			SN24
	Ascomycota	Eurotiomycetes	Chaetothyriales	Herpotrichiellaceae	SN24
	Ascomycota	Orbiliomycetes			SN24
	Ascomycota	Dothideomycetes			SN24
	Ascomycota	Sordariomycetes	Coniochaetales	unclassified_o__Coniochaetales	SN24
	Ascomycota	Dothideomycetes	Pleosporales	unclassified_o__Pleosporales	SN24

（续）

取样点	门	纲	目	科	富集处理
	Ascomycota	Orbiliomycetes	Orbiliales	Orbiliaceae	SN24
	Ascomycota	norank_Ascomycota	norank_Ascomycota	Pseudeurotiaceae	SN24
	Basidiomycota	Agaricomycetes	Agaricales	Pluteaceae	SN24
	Basidiomycota	Agaricomycetes	Cantharellales	Ceratobasidiaceae	SN24
	Basidiomycota	Agaricomycetes	Corticiales	Corticiaceae	SN24
	Basidiomycota	Agaricomycetes	Russulales	Peniophoraceae	SN24
	Basidiomycota	Agaricomycetes	Cantharellales		SN24
	Basidiomycota	Microbotryomycetes			SN24
	Basidiomycota	Microbotryomycetes	Sporidiobolales	norank_o__Sporidiobolales	SN24
	Basidiomycota	Microbotryomycetes	Sporidiobolales		SN24
	Basidiomycota	Agaricomycetes	Corticiales		SN24
	Chytridiomycota	Chytridiomycetes	Spizellomycetales	unclassified_o__Spizellomycetales	SN24
	Zygomycota	norank_Zygomycota			SN24
	Zygomycota	norank_Zygomycota	Mortierellales	Mortierellaceae	SN24
	Zygomycota				SN24
	Zygomycota	norank_Zygomycota	Mortierellales		SN24
非根际土壤	Ascomycota	Sordariomycetes	Sordariales		SN8
	Ascomycota	Pezizomycetes	Pezizales	norank_o__Pezizales	SN8
	Ascomycota	Sordariomycetes	Sordariales	Lasiosphaeriaceae	SN8
	Ascomycota	Sordariomycetes	Hypocreales	norank_o__Hypocreales	SN8

（续）

取样点	门	纲	目	科	富集处理
非根际土壤	Ascomycota	Sordariomycetes	Microascales	Microascaceae	SN8
	Ascomycota	Sordariomycetes	norank_c__Sordariomycetes	norank_c__Sordariomycetes	SN8
	Ascomycota	Sordariomycetes	Sordariales	Chaetomiaceae	SN8
	Ascomycota	Dothideomycetes	Pleosporales	Cucurbitariaceae	SN8
	Ascomycota	Sordariomycetes	unclassified_c__Sordariomycetes	unclassified_c__Sordariomycetes	SN8
	Ascomycota	Sordariomycetes	norank_c__Sordariomycetes		SN8
	Ascomycota	Sordariomycetes	unclassified_c__Sordariomycetes	unclassified_c__Sordariomycetes	SN8
	Basidiomycota	Agaricomycetes	Agaricales	norank_o__Agaricales	SN8
	Blastocladiomycota	unclassified_Blastocladiomycota	unclassified_Blastocladiomycota	unclassified_Blastocladiomycota	SN8
	Blastocladiomycota	unclassified_Blastocladiomycota	unclassified_Blastocladiomycota		SN8
	Blastocladiomycota	unclassified_Blastocladiomycota			SN8
	Blastocladiomycota	unclassified_Blastocladiomycota			SN8
根际土壤	Ascomycota	Pezizomycetes	Pezizales	Ascobolaceae	RN12
	Chytridiomycota	Chytridiomycetes	Rhizophlyctidales		RN0
	Ascomycota	Sordariomycetes	Coniochaetales	Coniochaetaceae	RN16
	Ascomycota	Pezizomycetes	Pezizales	norank_o__Pezizales	RN0
	Chytridiomycota	Chytridiomycetes	unclassified_c__Chytridiomycetes		RN24
	Zygomycota	norank_p__Zygomycota			RN12
	Glomeromycota	Glomeromycetes			RN16
	Ascomycota	Sordariomycetes	Coniochaetales		RN16

附录二 LEfSe 分析揭示对氮肥处理敏感的真菌生物标志物

（续）

取样点	门	纲	目	科	富集处理
	Basidiomycota	Agaricostilbomycetes	Agaricostilbales		RN12
	Basidiomycota	Agaricomycetes	Cantharellales	Ceratobasidiaceae	RN0
	Ascomycota	Sordariomycetes	Hypocreales	Clavicipitaceae	RN16
	Ascomycota	Sordariomycetes	Sordariales	Lasiosphaeriaceae	RN0
	Ascomycota	Dothideomycetes	Pleosporales	Sporormiaceae	RN16
	Glomeromycota				RN16
	Basidiomycota	Agaricostilbomycetes			RN12
	Ascomycota	Leotiomycetes	Helotiales	unclassified_o__Helotiales	RN8
	Ascomycota	Eurotiomycetes			RN16
根际土壤	Basidiomycota				RN20
	Ascomycota	Sordariomycetes	Hypocreales	norank_o__Hypocreales	RN0
	Basidiomycota	Cystobasidiomycetes	Cystobasidiales	Cystobasidiaceae	RN24
	Basidiomycota	Cystobasidiomycetes	Cystobasidiales		RN24
	Ascomycota	Dothideomycetes	Pleosporales	Montagnulaceae	RN16
	Ascomycota	Sordariomycetes	norank_c__Sordariomycetes	norank_c__Sordariomycetes	RN12
	Basidiomycota	Agaricomycetes	Cantharellales		RN0
	Ascomycota	Dothideomycetes	Capnodiales	Davidiellaceae	RN24
	Basidiomycota	Agaricostilbomycetes	Agaricostilbales	Chionosphaeraceae	RN12
	Ascomycota	Sordariomycetes	Hypocreales	Cordycipitaceae	RN16
	Chytridiomycota	Chytridiomycetes	unclassified_c__Chytridiomycetes	unclassified_c__Chytridiomycetes	RN24

（续）

取样点	门	纲	目	科	富集处理
根际土壤	Glomeromycota	Glomeromycetes	Glomerales	Glomeraceae	RN16
	Ascomycota	Dothideomycetes	Pleosporales	Didymosphaeriaceae	RN16
	Basidiomycota	Cystobasidiomycetes			RN24
	Ascomycota	Dothideomycetes	Capnodiales		RN24
	Ascomycota	Sordariomycetes	Hypocreales		RN24
	Zygomycota	norank_p__Zygomycota	Mortierellales	Mortierellaceae	RN12
	Chytridiomycota	Chytridiomycetes	Rhizophlyctidales	Rhizophlyctidaceae	RN0
	Glomeromycota	Glomeromycetes	unclassified_c__Glomeromycetes		RN12
	Ascomycota	Dothideomycetes	Pleosporales	Cucurbitariaceae	RN24
	Glomeromycota	Glomeromycetes	unclassified_c__Glomeromycetes	unclassified_c__Glomeromycetes	RN12
	Ascomycota	Sordariomycetes	Hypocreales	Hypocreaceae	RN0
	Ascomycota	Dothideomycetes	Capnodiales	unclassified_o__Capnodiales	RN8
	Zygomycota				RN12
	Ascomycota	Eurotiomycetes	Arachnomycetales	Arachnomycetaceae	RN16
	Ascomycota	Eurotiomycetes	Onygenales	unclassified_o__Onygenales	RN0
	Ascomycota	Pezizomycetes	Pezizales	unclassified_o__Pezizales	RN16
	Zygomycota	norank_p__Zygomycota	Mortierellales		RN12
	Ascomycota	Eurotiomycetes	Arachnomycetales		RN16
	Ascomycota	Eurotiomycetes	Onygenales		RN16
	Glomeromycota	Glomeromycetes	Glomerales		RN16

取样点	门	纲	目	科	富集处理
根内	Ascomycota	unclassified_p__Ascomycota	unclassified_p__Ascomycota		EN0
	Glomeromycota	Glomeromycetes			EN0
	Glomeromycota	Glomeromycetes			EN0
	Ascomycota	Dothideomycetes	Capnodiales	Davidiellaceae	EN0
	Glomeromycota	Glomeromycetes	Glomerales	Glomeraceae	EN0
	Ascomycota	unclassified_p__Ascomycota	unclassified_p__Ascomycota	unclassified_p__Ascomycota	EN0
	Ascomycota	unclassified_p__Ascomycota			EN0
	Glomeromycota	Glomeromycetes	Glomerales		EN0
	Ascomycota	Eurotiomycetes	Eurotiales	Trichocomaceae	EN12
	Ascomycota	Sordariomycetes	norank_c__Sordariomycetes	Plectosphaerellaceae	EN12
	Ascomycota	Eurotiomycetes	Eurotiales		EN12
	Ascomycota	Eurotiomycetes	Verrucariales		EN12
	Ascomycota	norank_p__Ascomycota	norank_p__Ascomycota	norank_p__Ascomycota	EN12
	Ascomycota	Eurotiomycetes	Verrucariales	Verrucariaceae	EN12
	Basidiomycota	Agaricomycetes	Cantharellales	Botryobasidiaceae	EN12
	Ascomycota	Sordariomycetes	Sordariales	Chaetomiaceae	EN16
	Basidiomycota	Tremellomycetes	Tremellales	norank_o__Tremellales	EN16
	Basidiomycota	Tremellomycetes	Tremellales		EN16
	Basidiomycota	Tremellomycetes			EN16

（续）

取样点	门	纲	目	科	富集处理
	Basidiomycota	Agaricomycetes	Agaricales	Psathyrellaceae	EN24
	Basidiomycota	Agaricomycetes	Agaricales		EN24
	Ascomycota	Orbiliomycetes			EN8
	Basidiomycota	Wallemiomycetes			EN8
根内	Zygomycota	norank_p__Zygomycota			EN8
	Ascomycota	Orbiliomycetes	Orbiliales		EN8
	Zygomycota	norank_p__Zygomycota	Mortierellales	Mortierellaceae	EN8
	Zygomycota				EN8
	Zygomycota	norank_p__Zygomycota	Mortierellales		EN8

附录三 中早熟区青贮玉米缓控释氮肥简化施用技术规程

(DB 15/T 2000—2020)

1. 范围

本标准规定了内蒙古中早熟区青贮玉米种植地块选择和缓控释氮肥施肥原则、肥料选择、施用方式、施肥量、施用质量检查等技术内容。

本标准适用于内蒙古中早熟青贮玉米种植区，其他类似生态区青贮玉米栽培亦可参照执行。

2. 规范性引用文件

下列文件对于本文件的应用是必不可少的。凡是注日期的引用文件，仅所注日期的版本适用于本文件。凡是不注日期的引用文件，其最新版本（包括所有的修改单）适用于本文件。

GB/T 6274 肥料和土壤调理剂　术语

GB 15618 土壤环境质量　农用地土壤污染风险管控标准（试行）

GB/T 23348 缓释肥料

HG/T 4215 控释肥料

NY/T 496 肥料合理使用准则　通则

3. 术语和定义

下列术语和定义适用于本文件。

3.1 青贮玉米（silage maize）

在玉米乳熟后期至蜡熟期间，收获包括果穗在内的地上部植株，作为青贮饲料原料的玉米。

3.2 缓控释肥料（slow and controlled release fertilizer）

通过养分的化学复合或物理作用，使其对作物的有效态养分在作物生长季节缓慢释放或能按照设定的释放率（%）和释放期（d）来控制养分释放的化学肥料。

3.3 缓控释养分释放期（stated release longevity of nutrient）

以释放养分在 25℃ 静水中浸提开始至达到 80% 的累积养分释放率所需的

时间（d）来表示。

4. 地块选择

种植地块应符合 GB 15618 的要求。

5. 施肥原则

根据土壤基础肥力和目标产量配方施肥。有机无机肥并重，氮、磷、钾肥配合，缓控肥氮素用量占氮素总量的 30%～40%。肥料使用按照 NY/T 496 和 GB 6274 的规定执行。

6. 肥料选择

建议施用符合 GB/T 23348 的缓释肥料或符合 HG/T 4215 要求的玉米专用控释型肥料，养分释放期要求达到 60d 以上。

7. 施肥方式

随播种一次性完成施种肥、播种、覆膜、镇压等作业。

种肥异位同播，即肥料在种子的侧下方，肥料施入深度 8～10cm，肥料与种子水平间距 5cm 以上。

8. 施肥质量检查

播种前 2～3d 按照设计要求调试农机具，模拟田间作业调整播种量和施肥量，开始田间作业 10～15h 时应停机逐项检查运转情况、播种深度、施肥深度、种肥间距等是否符合要求，及时发现及时调整，直到一切运转正常为止，作业中还应注意定时补充种子肥料及检查种肥管道是否堵塞。后期大面积抽查，随机取点，测量样本不少于 25 个，通过率在 90% 以上为合格。

9. 施肥量

采用测土推荐施肥，根据土壤肥力测定状况，按照产量目标确定施肥量和肥料配比。

粮饲兼用型玉米每生产 100kg 干物质所需要的纯 N、P_2O_5、K_2O 分别为 0.69kg、0.30kg 和 1.33kg；青贮专用型玉米每生产 100kg 干物质所需要的纯 N、P_2O_5、K_2O 分别为 0.57kg、0.26kg 和 1.58kg，根据不同青贮玉米产量折算总施肥量，每 667m^2 施入 P_2O_5、K_2O 分别为 5.5～9.2kg、2.1～4.1kg。

按照全株鲜重 3 000～4 000kg/667m^2（干物质重 1 000～1 400kg/667m^2）

目标产量计算，每亩需氮素 4.8～6.5kg，缓控释氮素 2.4～3.7kg。

　　按照全株鲜重 4 000～5 500kg/667m²（干物质重 1 400～2 000kg/667m²）目标产量计算，每 667m² 需氮素 5.7～15.9kg，缓控释氮素 2.9～9.1kg。

　　按照全株鲜重 5 500kg/667m² 以上（干物质重 2 000kg/667m² 以上）目标产量计算，每 667m² 需氮素 13.7～18.9kg，缓控释氮素 6.8～10.8kg。

附录四 中早熟区青贮玉米栽培技术规程 (DB 15/T 1999—2020)

1. 范围

本标准规定了青贮玉米高效栽培的选地与整地、选种、播种、田间管理、病虫草害防治、收获等主要环节的作业要求与技术内容。

本标准适用于内蒙古中早熟区进行整株青贮的青贮玉米种植。其他生态条件相似地区的高秆青贮饲料作物的种植作业可参照执行。

2. 规范性引用文件

下列文件对于本文件的应用是必不可少的。凡是注日期的引用文件，仅所注日期的版本适用于本文件。凡是不注日期的引用文件，其最新版本（包括所有的修改单）适用于本文件。

GB 4404.1 粮食作物种子 第1部分：禾谷类

GB/T 8321 农药合理使用准则

NY/T 503 单粒（精密）播种机 作业质量

NY/T 1276 农药安全使用规范总则

NY/T 1409 旱地玉米机械化保护性耕作技术规范

NY/T 2088 玉米青贮收获机作业质量

3. 术语和定义

下列术语和定义适用于本文件。

3.1 青贮玉米 (silage maize)

在玉米乳熟后期至蜡熟期间，收获包括果穗在内的地上部植株，作为青贮饲料原料的玉米。

3.2 生物产量 (biological yield)

当青贮玉米的籽粒乳线达乳线 1/2～3/4 时，将地上部分在距离地面15～20cm 处刈割，以鲜重计的生物量。

3.3 收获损失率 (loss rate of harvesting)

青贮玉米收获过程中，因机械切割、切碎、抛送等作业所造成的叶片、茎秆和籽粒的质量损失百分率。

4. 播前准备

4.1 选地

选择地势较平坦，土层深厚，肥力中等以上，保水、保肥力较好的农田。

4.2 整地

深翻 25cm 以上或深松 30cm 以上，耕后耙平；结合整地，施用腐熟农家肥 15 000～30 000kg/hm²。

4.3 品种选择

选择通过国家、内蒙古自治区审（认）定或内蒙古自治区引种备案的适宜当地种植的青贮玉米品种。种子质量应符合 GB 4404.1 的规定。

4.4 种子包衣

播种前进行种子包衣，采用含戊唑醇或三唑酮种衣剂，种衣剂及操作规程按照 GB/T 8321 及 NY/T 1276 的规定执行。

5. 播种

5.1 播种时间

当 5～10cm 土层温度稳定在 8～10℃后可以播种，一般为 4 月下旬至 5 月上旬。

5.2 种肥

种肥施用量为 N 45～60kg/hm²、P_2O_5 90～120kg/hm²、K_2O 60～75kg/hm²。

5.3 播种方式

采用精量播种机播种，播种深度为 3～5cm，深浅一致、种肥隔离。作业质量应符合 NY/T 503 的规定。免耕播种作业应符合 NY/T 1409 的规定。

5.4 播种密度

种植密度 75 000～90 000 株/hm²。

6. 田间管理

6.1 中耕施肥

拔节期结合中耕追施尿素 225～300kg/hm²。若采用滴灌时，分别在拔节期、大喇叭口期和吐丝期按照 3∶6∶1 的比例将氮肥随水滴施。

6.2 灌溉

根据当地土壤墒情和降雨情况进行灌溉，具备滴灌条件的，一般在播种后、拔节期、大喇叭口期、吐丝期、灌浆期分别灌水，每次灌溉量为 150～300m³/hm²。

6.3 病虫草害防控

6.3.1 除草

苗前或苗后用玉米专用除草剂除草。除草剂使用方法参照产品使用说明书。除草剂使用符合 GB/T 8321 要求。除草剂使用人员安全符合 NY/T 1276 要求。

6.3.2 防虫

玉米螟化蛹率达 20％时的后 10 天，第一次释放赤眼蜂，间隔 5～7d 放第二次。第一次释放 10.5 万头/hm²，第二次释放 12 万头/hm²。

6.3.3 防病

选用抗病品种，并进行种子包衣。

7. 机械收获

7.1 收获时期

当籽粒乳线位置在 1/2～3/4，干物质含量 30％～35％时及时收获。

7.2 机械选用

选用性能符合 NY/T 2088 规定的收获机进行收获。

附录五　中早熟区青贮玉米种植环境与品种选择规范（DB 15/T 2002—2020）

1. 范围

本标准规定了内蒙古中早熟区青贮玉米的种植环境与品种选择等评价指标。

本标准适用于内蒙古中早熟玉米种植区青贮玉米的种植环境与品种的选择，其他类似生态区青贮玉米栽培亦可参照执行。

2. 规范性引用文件

下列文件对于本文件的应用是必不可少的。凡是注日期的引用文件，仅所注日期的版本适用于本文件。凡是不注日期的引用文件，其最新版本（包括所有的修改单）适用于本文件。

GB/T 25882 青贮玉米品质分级

NY/T 2088 玉米青贮收获机作业质量

3. 术语和定义

下列术语和定义适用于本文件。

3.1　生态适应性（ecological suitability）

农作物的生物学特性及其对生态条件的要求与当地实际外界环境相适应（吻合）的程度。是作物在长期进化过程中形成的生物种的系统特性，是长期的自然和人工选择结果。

3.2　青贮玉米（silage corn）

在玉米乳熟后期至蜡熟期间，收获包括果穗在内的地上部植株，作为青贮饲料原料的玉米。

4. 生态环境

4.1　活动积温

大于等于10℃活动积温2 300～2 700℃。

4.2　无霜期

115～125d。

4.3　降水量

年降水量280～450mm。

4.4 灌溉

降水量低于 300mm 以下，根据种植地条件，适当增加灌溉。

4.5 经纬度

北纬 40°15′～53°23′，东经 109°15′～126°04′。

4.6 海拔

海拔高度 1 600m 以下。

5. 品种要求

5.1 品种选择

选择国家、内蒙古自治区审（认）定或内蒙古自治区引种备案的适宜在当地种植的青贮玉米品种。

5.2 出苗到刈割天数

110～125d。

5.3 耐密性

适宜种植密度 75 000～90 000 株/hm²。

5.4 持绿性

刈割期全株绿叶数大于等于 10 片，或全株枯黄叶片小于等于 3 片。

5.5 饲用品质

适宜本生态区的青贮玉米品种，收获期全株粗淀粉含量（干基）大于等于 30%，干物质含量大于等于 30%，其他饲用品质符合 GB/T 25882 中一级标准。

5.6 倒伏率、倒折率

刈割期倒伏率、倒折率之和小于等于 5%。

5.7 茎基腐病

刈割期茎基腐病株率小于等于 5%。

5.8 穗腐病

刈割期籽粒霉变率小于等于 1%。

5.9 瘤黑粉病

刈割期瘤黑粉病株率小于等于 5%。

5.10 产量

生物产量大于等于 45t/hm²。

6. 收获

6.1 收获机械

收获机械的选择及性能、作业质量均应符合 NY/T 2088 的规定。

6.2　收获时期

青贮玉米籽粒乳线位置在 1/2～3/4，干物质含量 30％以上时收获。

6.3　留茬高度

机械收获的留茬高度一般为 15～20cm。

6.4　收获质量

田间损失率小于等于 5％，籽粒破碎率大于等于 90％，秸秆切碎长度小于等于 3cm。

附录六 中早熟区青贮玉米机械收获技术规程 (DB 15/T 2001—2020)

1. 范围

本标准规定了内蒙古中早熟区青贮玉米进行机械化收获涉及的作业条件、收获技术、安全要求等技术内容。

本标准适用于内蒙古中早熟区青贮玉米种植区，其他类似生态区青贮玉米机械收获可参照执行。

2. 规范性引用文件

下列文件对于本文件的应用是必不可少的。凡是注日期的引用文件，仅所注日期的版本适用于本文件。凡是不注日期的引用文件，其最新版本（包括所有的修改单）适用于本文件。

NY/T 2088 玉米青贮收获机 作业质量

3. 术语和定义

下列术语和定义适用于本文件。

3.1 青贮玉米（silage maize）

在玉米乳熟后期至蜡熟期间，收获包括果穗在内的地上部植株，作为青贮饲料原料的玉米。

3.2 籽粒破碎率（broken grain rate）

由青贮玉米收获机械破碎的籽粒重量占样本籽粒总重量的百分率。

4. 作业条件

4.1 地块

整体平坦适于机械收获。

4.2 土壤湿度

机械收获时，地块土壤含水率小于 25%，收获机轮胎不下陷时为宜。

4.3 倒伏、倒折率

收获期倒伏倒折率之和小于等于 5%。

4.4 清理田块

检查地块中的电杆、拉线、桩、水井、沟、坎等影响收获机作业的障碍物，做出明显标记。清理地块中的滴灌支管、毛管。

4.5　人员配备

应按要求配备作业人员和辅助人员。操作人员应经过专业培训，熟悉机具性能，熟练机具操作，掌握维修要领。

5. 机具选择

选择具备一次完成全株青贮玉米切割、喂入、切碎、抛送和装车等功能的青贮玉米专用收获机械。青贮玉米收获机应符合 NY/T 2088 的规定。

6. 机具调试

作业前检查轴承及在轴上运转部件安装及润滑点注油情况，皮带链条张紧度，液压系统油管接头是否漏油，茎秆切碎工作部件及防护罩是否牢固，灭火器是否有效，安全标识是否鲜明等，并做相应调试。

7. 收获

7.1　收获时间

青贮玉米籽粒乳线位置在 1/2～3/4、全株干物质含量在 30％～35％时，即可收获。

7.2　作业速度

青贮玉米收获机正常作业速度为 5～7km/h。

7.3　留茬高度

青贮玉米收获留茬高度 15～20cm。

7.4　秸秆切碎长度

切短长度 2～3cm，切短长度一致性大于等于 90％。

7.5　籽粒破碎率

籽粒破碎率大于等于 90％。

7.6　收获损失率

切割、切碎、抛送过程中，收获损失率小于总产量的 2％。

7.7　籽粒破碎率

籽粒破碎率至少应达到 90％。

8. 收获作业安全要求

8.1　作业人员应严格按收获机械使用说明书中的安全作业要求操作，不得在酒后或过度疲劳状态下作业。

8.2　作业时确保待收田中无人，驾驶员要注意观察，避让障碍物。

8.3 作业过程中及时清理发动机机体、散热通风口杂物。

8.4 机组在检查、调整、保养和排除故障时应停机熄火，并在平地上进行，故障未排除前不应作业。

附录七 冀北坝上地区青贮玉米栽培技术规程

1. 基础条件

1.1 气象条件

0℃积温 2 100～2 800℃，10℃积温 1 600～2 200℃，无霜冻期 80～110d。年平均降水量 340～450mm。

1.2 土壤条件

土壤肥力中等，pH 6～8，坡地坡度<25°。

2. 栽培管理

2.1 品种选择

选用生物产量高，营养品质优良，抗逆、抗病虫，通过国家或省审定的青贮玉米品种。

种子质量要符合 GB 4404.1 二级标准。如巡青 518、巡青 818、中原单 32、曲辰 9 号和田丰 88 等。

2.2 整地

深秋用犁翻地，深度约 20cm。播前浅耕 1 次，深度 15～18cm，同时施用基肥耕后及时耙糖。

2.3 播种

2.3.1 种子处理

选用饱满、无霉粒的种子，用种衣剂进行包衣处理；或选用 50% 辛硫磷乳油、40% 甲基异柳磷乳油等农药，按种子重量的 0.2% 进行拌种处理。播前 3～5d 选无风晴天对种子进行晾晒 2～3d。

2.3.2 播种时间

5 月 10 日至 20 日进行播种。当墒情好，地温>10℃时，可提前至 5 月 5 日进行播种。

2.3.3 播种方法

采取机械点种，深度 5cm 左右，2～3 粒/穴，株距均匀，覆土要严。播后镇压。播种量 60.0～67.5kg/hm²。

2.3.4 播种形式

采取等行距或宽窄行种植。等行距种植行距一般为 40～50cm；宽窄行种植宽行行距 60cm，窄行行距 40cm。株距要均匀，株距 25cm 左右。

2.3.5 合理密植

根据品种特征特性确定种植密度。紧凑型品种 90 000～97 500 株/hm²，半紧凑型品种 75 000～82 500 株/hm²。

2.4 田间管理

2.4.1 补苗、定苗

玉米顶土出苗后，要及时查苗，如缺苗，或催芽补种，或移栽，确保单位面积株数；玉米 3～4 片叶展开时结合浅中耕间苗；5～6 片叶展开时结合深中耕定苗；去弱、杂、病、小苗，留壮、匀苗。

2.4.2 化学除草

40％乙莠水悬浮乳剂用量 3 000mL/hm²，对水 50kg，在玉米播后苗前喷施；或 50％都阿合剂用量 2 250mL/hm²，对水 11 250kg，在玉米 4 叶期前喷施，喷施时避开心叶。喷匀，不重喷，不漏喷。

2.4.3 施肥

以增施有机肥为主，化肥施用应符合 NY/T 496—2010 肥料合理使用准则。

2.4.3.1 基肥

结合播前整地施有机肥 30～45kg/hm²，施种肥磷酸二铵 150～225kg/hm²、尿素 225～375kg/hm²。

2.4.3.2 追肥

拔节期开穴追施尿素 150～225kg/hm²，有灌溉条件时可随水追施。建议在播种时一次底施玉米专用长效控释肥。

2.4.4 浇水

有灌溉条件的地块，在玉米拔节至开花期灌溉 1～2 次，此期间应保证田间持水量达到 70％。

3. 虫害防治

3.1 草地螟防治

25％辉丰快克乳油 2 000～3 000 倍液或 25％快杀灵乳油用量 300～450mL/hm²喷雾防治。防治应在卵孵化始盛期后 10d 左右进行为宜，注意有选择使用农药，尽可能保护天敌。

3.2 蝗虫防治

在低龄若虫期喷施 10 000 倍 20％灭幼脲 1 号悬浮乳剂。在高龄若虫和成虫期，常喷施 1 000 倍 50％辛硫磷乳油或 50％杀螟松乳油进行防治。

3.3 玉米螟防治

用 3％杀螟灵颗粒剂 0.2g/株灌心叶。

4. 收获

在初霜期前及时收获。

参 考 文 献

[1] Farrer E C，Suding K N，Knops J. Teasing apart plant community responses to N enrichment：the roles of resource limitation，competition and soil microbes [J]. Ecology Letters，2016，19 (10)：1287-1296.

[2] 苏凯，郝玉波，王贵，等. 氮肥调控对不同保绿性超高产夏玉米产量及光合特性的影响 [J]. 山东农业科学，2011 (9)：71-75.

[3] Lal R. Soil carbon sequestration impacts on global climate change and food security [J]. Science，2004，304 (5677)：1623-1627.

[4] Meena R K，Singh，R K，et al. Isolation of low temperature surviving plant growth-promoting rhizobacteria (PGPR) from pea (*Pisum sativum* L.) and documentation of their plant growth promoting traits [J]. Biocatalysis and Agricultural Biotechnology，2015，4 (4)：806-811.

[5] Rakshit A，Singh H B，Sen A. Nutrient use efficiency：from basics to advances [M]. New Delhi：Springer Publishing Company，2015.

[6] Mclaughlin A，Mineau P. The impact of agricultural practices on biodiversity [J]. Agriculture Ecosystems & Environment，1995，55 (3)：201-212.

[7] 赵久然，王荣焕. 中国玉米生产发展历程、存在问题及对策 [J]. 中国农业科技导报，2013，15 (3)：1-6.

[8] 于明礼. 收获期和氮肥运筹对不同类型饲用玉米产量及品质特性的影响 [D]. 泰安：山东农业大学，2009.

[9] 高聚林，刘克礼，吕淑果，等. 不同类型玉米饲用栽培的营养品质研究 [J]. 玉米科学，2004 (S2)：66-72.

[10] 宋锡章. 发展专用品种提高玉米效益 [J]. 玉米科学，2001 (3)：45-48.

[11] 薛吉全，任建宏. 发展优质专用玉米 提高玉米经济优势 [J]. 陕西农业科学，1999 (5)：3-5.

[12] 黎慧. 不同品种青贮玉米在收获期主要营养成分变化规律的研究 [D]. 呼和浩特：内蒙古农业大学，2015.

[13] Schwab E C，Shaver R D，Lauer J G，et al. Estimating silage energy value and milk yield to rank corn hybrids [J]. Animal Feed Science & Technology，2003，109 (1-4)：1-18.

[14] Undersander D J，Howard W T，Shaver R D. Milk per acre spreadsheet for combining yield and quality into a single term [J]. Journal of Production Agriculture，1993，6 (2)：231.

[15] Hallauer A R, Lamkey K R, White P R. Registration of B115 inbred line of maize [J]. Crop Science, 2001, 44 (2): 703.

[16] Payne R J, Thompson A M, Standen V, et al. Impact of simulated nitrogen pollution on heathland microfauna, mesofauna and plants [J]. European Journal of Soil Biology, 2012, 49: 73-79.

[17] Zheng J, Qu Y, Kilasara M M, et al. Soil-atmosphere exchange of nitrous oxide in two Tanzanian croplands: Effects of nitrogen and stover management [J]. Agricultural and Forest Meteorology, 2019, 275: 24-36.

[18] 王敬, 程谊, 蔡祖聪, 等. 长期施肥对农田土壤氮素关键转化过程的影响 [J]. 土壤学报, 2016, 53 (2): 292-304.

[19] 陈松鹤, 徐开未, 樊高琼, 等. 长期施氮对饲草玉米产量、土壤养分和微生物数量的影响 [J]. 四川农业大学学报, 2019, 37 (3): 314-320.

[20] 符鲜. 盐渍化灌区节水灌溉条件下土壤微生物对氮肥的反馈机理研究 [D]. 呼和浩特: 内蒙古农业大学, 2016.

[21] 张学林, 徐钧, 安婷婷, 等. 不同氮肥水平下玉米根际土壤特性与产量的关系 [J]. 中国农业科学, 2016, 49 (14): 2687-2699.

[22] Ritz K, Wheatley R E. Effects of water amendment on basal and substrate-induced respiration rates of mineral soils [J]. Biology & Fertility of Soils, 1989, 8 (3): 242-246.

[23] 张奇春, 王光火, 方斌. 不同施肥处理对水稻养分吸收和稻田土壤微生物生态特性的影响 [J]. 土壤学报, 2005 (1): 116-121.

[24] Zhou J, Shengxiu L I, Chen Z J. Soil microbial biomass nitrogen and its relationship to uptake of nitrogen by plants [J]. Pedosphere, 2002, 12 (3): 251-256.

[25] 熊兴梅, 谢菊芬, 陈加新. 玉米不同施肥水平对土壤微生物生物量的影响 [J]. 现代园艺, 2013 (14): 8-10.

[26] Bending G D, Turner M K, Rayns F, et al. Microbial and biochemical soil quality indicators and their potential for differentiating areas under contrasting agricultural management regimes [J]. Soil Biology & Biochemistry, 2004, 36 (11): 1785-1792.

[27] Liu Y, Shi G, Mao L, et al. Direct and indirect influences of 8 yr of nitrogen and phosphorus fertilization on Glomeromycota in an alpine meadow ecosystem [J]. New Phytologist, 2012, 194 (2): 523-535.

[28] 朱利霞, 岳善超, 沈玉芳, 等. 施氮和覆膜对旱作春玉米农田土壤微生物量和土壤酶活性的影响 [J]. 干旱地区农业研究, 2019, 37 (1): 130-136.

[29] 易镇邪, 王璞, 屠乃美. 夏播玉米根系分布与含氮量对氮肥类型与施氮量的响应 [J]. 植物营养与肥料学报, 2009, 15 (1): 91-98.

[30] 韩晓日, 郑国砥, 刘晓燕, 等. 有机肥与化肥配合施用土壤微生物量氮动态、来源和供氮特征 [J]. 中国农业科学, 2007 (4): 765-772.

[31] 王楠, 王帅, 高强, 等. 施氮水平对不同肥力土壤微生物学特性的影响 [J]. 水土保

持学报，2014，28（4）：148-152.

[32] 李洪杰. 耕作方式与施氮水平对麦田土壤微生物特性及产量的影响 [D]. 泰安：山东农业大学，2009.

[33] 王继红，刘景双，于君宝，等. 氮磷肥对黑土玉米农田生态系统土壤微生物量碳、氮的影响 [J]. 水土保持学报，2004（1）：35-38.

[34] Baghdadi A, Balazadeh M, et al. Effect of pre-sowing and nitrogen application on forage quality of silage corn [J]. Agronomy Research，2017，15（1）：11-23.

[35] Santos A D, Fonseca D, Barth, et al. Silage maize quality in different uses of Italian ryegrass and soil management methods after liming [J]. Archives of Agronomy and Soil Science，2018，64（2）：173-184.

[36] Zhou J, Deng Y, Shen L, et al. Temperature mediates continental-scale diversity of microbes in forest soils [J]. Nature Communications，2016，7（12083）：12083.

[37] Zhao Z B, He J Z, Geisen S, et al. Protist communities are more sensitive to nitrogen fertilization than other microorganisms in diverse agricultural soils [J]. BioMed Central，2019，7（1）：33.

[38] Sarathchandra S U, Ghani A, Yeates G W, et al. Effect of nitrogen and phosphate fertilisers on microbial and nematode diversity in pasture soils [J]. Soil Biology and Biochemistry，2001，33（7）：953-946.

[39] May G, Nelson P. Defensive mutualisms：do microbial interactions within hosts drive the evolution of defensive traits? [J]. Functional Ecology，2014，28（2）：356-363.

[40] Saunders M, Glen A E, Kohn L M. Exploring the evolutionary ecology of fungal endophytes in agricultural systems：using functional traits to reveal mechanisms in community processes [J]. Evolutionary applications，2010，3（5-6）：525-537.

[41] Karami A, Homaee M, Afzalinia S, et al. Organic resource management：Impacts on soil aggregate stability and other soil physico-chemical properties [J]. Agriculture, Ecosystems and Environment，2011，148：22-28.

[42] Meena V S, Meena S K. Conservation agricultural practices in sustainable food production [J]. Journal of Cleaner Production，2016，137：690-691.

[43] Nath D, Maurya B R, Meena V S. Documentation of five potassium- and phosphorus-solubilizing bacteria for their K and P-solubilization ability from various minerals [J]. Biocatalysis and Agricultural Biotechnology，2017，10：174-181.

[44] Meena V S, Meena S K, Verma J P, et al. Plant beneficial rhizospheric microorganism (PBRM) strategies to improve nutrients use efficiency：A review [J]. Ecological Engineering，2017，107：8-32.

[45] Doty S L, Sher A W, Fleck N D, et al. Variable nitrogen fixation in wild populus [J]. PLoS ONE，2017，11（5）.

[46] Morrison E W, Frey S D, Sadowsky J J, et al. Chronic nitrogen additions fundamentally restructure the soil fungal community in a temperate forest [J]. Fungal Ecology，2016，23：

48-57.

[47] Neff J C, Townsend A R, Gleixner G, et al. Variable effects of nitrogen additions on the stability and turnover of soil carbon [J]. Nature, 2002, 419 (6910).

[48] Zhu Y, Chen Y, Gong X, et al. Plastic film mulching improved rhizosphere microbes and yield of rainfed spring wheat [J]. Agricultural and Forest Meteorology, 2018, 263: 130-136.

[49] 王帅, 韩晓日, 战秀梅, 等. 不同氮肥水平下玉米光响应曲线模型的比较 [J]. 植物营养与肥料学报, 2014, 20 (6): 1403-1412.

[50] 马国胜, 薛吉全, 路海东, 等. 不同类型饲用玉米群体光合生理特性的研究 [J]. 西北植物学报, 2005 (3): 536-540.

[51] 潘金豹, 张秋芝, 郝玉兰, 等. 我国青贮玉米育种的策略与目标 [J]. 玉米科学, 2002 (4): 3-4.

[52] 周玉霞, 巨天珍, 王引弟, 等. 3 种旱生植物的叶绿素荧光参数日变化研究 [J]. 干旱区资源与环境, 2019, 33 (5): 164-170.

[53] 蔡东芳, 张书芬, 王建平, 等. 控释氮肥运筹对丰油 10 号光合性能及产量的影响 [J]. 作物杂志, 2018 (2): 136-140.

[54] 包明陈, 谭燕, 周航飞, 等. 盐胁迫对不同耐性玉米光合作用的影响 [J]. 中国农业信息, 2013 (3s): 89-90.

[55] Murchie E H, Pinto M, Horton P. Agriculture and the new challenges for photosynthesis research [J]. New Phytologist, 2009, 181 (3): 532-552.

[56] 朱根海, 张荣铣. 叶片含氮量与光合作用 [J]. 植物生理学通讯, 1985 (2): 9-12.

[57] 黄高宝, 张恩和, 胡恒觉. 不同玉米品种氮素营养效率差异的生态生理机制 [J]. 植物营养与肥料学报, 2001 (3): 293-297.

[58] Evans J R. Nitrogen and Photosynthesis in the Flag Leaf of Wheat (*Triticum aestivum* L.) [J]. Plant Physiology, 1983, 72 (2): 297-302.

[59] 何树斌, 沈禹颖, 王冬梅, 等. 水分和氮素对陇育 216 冬小麦气体交换和叶绿素荧光的影响 [J]. 麦类作物学报, 2012, 32 (5): 912-917.

[60] 王群, 李潮海, 栾丽敏, 等. 不同质地土壤夏玉米生育后期光合特性比较研究 [J]. 作物学报, 2005 (5): 628-633.

[61] 王久龙, 王振华, 李文昊, 等. 施氮量对复播青贮玉米光合特性和产量的影响 [J]. 干旱地区农业研究, 2017, 35 (5): 250-255.

[62] 王友华, 许海涛, 许波, 等. 施用氮肥对玉米产量构成因素及其根系生长的影响 [J]. 中国土壤与肥料, 2010, 000 (3): 55-57.

[63] 倪玉琼, 张强, 曹力琴, 等. 不同施氮量对高粱产量及植株养分积累的影响 [J]. 水土保持研究, 2016, 23 (5): 95-99, 105.

[64] 王劲松, 焦晓燕, 丁玉川, 等. 粒用高粱养分吸收、产量及品质对氮磷钾营养的响应 [J]. 作物学报, 2015, 41 (8): 1269-1278.

[65] 孙昕路, 任志斌, 段瑞萍, 等. 北疆滴灌春麦复播青贮玉米两早配套栽培技术 [J].

农村科技，2014（2）：13-14.

[66] 景立权，赵福成，刘萍，等．施氮对超高产夏玉米干物质及光合特性的影响［J］．核农学报，2014，28（2）：317-326.

[67] 李佳，曹国军，耿玉辉，等．不同供氮水平对春玉米干物质积累及氮素吸收利用的影响［J］．中国农学通报，2014，30（27）：208-212.

[68] 李媛媛，杨恒山，范秀艳，等．不同施氮水平对春玉米伟科702干物质积累及转运的影响［J］．华北农学报，2016，31（5）：228-232.

[69] 魏学敏．青贮玉米-紫花苜蓿立体种植水肥耦合效应的分析研究［D］．呼和浩特：内蒙古农业大学，2013.

[70] 胡文河，张丹，宋红凯，等．不同施氮量对青贮玉米产量和品质的影响［J］．黑龙江畜牧兽医，2010（7）：102-104.

[71] 郑文生．氮肥运筹对地下滴灌玉米产量的影响［J］．节水灌溉，2018（3）：23-26.

[72] 张吉旺，王空军，胡昌浩．收获期对玉米饲用营养价值的影响［J］．玉米科学，2000（S1）：33-35.

[73] 李婧，李玲玲，张立健，等．氮肥用量对粮饲兼用玉米产量和饲用品质形成的影响［J］．草业科学，2015，32（3）：442-449.

[74] 陈国强．氮肥对玉米秸秆饲用品质与籽粒产量耦合规律影响的研究［D］．天津：天津农学院，2017.

[75] 王永军，王空军，董树亭，等．氮肥用量、时期对墨西哥玉米产量及饲用营养品质的影响［J］．中国农业科学，2005（3）：492-497.

[76] 张吉旺，王空军，胡昌浩，等．施氮时期对夏玉米饲用营养价值的影响［J］．中国农业科学，2002，035（11）：1337-1342.

[77] 蔡晓妍，章建新，崔淑华，等．氮磷肥对复播青贮玉米产量和饲用营养品质的影响［J］．新疆农业大学学报，2004（2）：33-35.

[78] 张福锁，崔振岭，王激清，等．中国土壤和植物养分管理现状与改进策略［J］．植物学通报，2007（6）：687-694.

[79] 周广威，张文，闵伟，等．灌溉水盐度对滴灌棉田土壤氨挥发的影响［J］．植物营养与肥料学报，2015，21（2）：413-420.

[80] 王磊，董树亭，刘鹏，等．水氮互作对冬小麦田氨挥发损失和产量的影响［J］．应用生态学报，2018，29（6）：1919-1927.

[81] 张翀，韩晓阳，李雪倩，等．川中丘陵区紫色土冬小麦/夏玉米轮作氨挥发研究［J］．中国生态农业学报，2015，23（11）：1359-1366.

[82] Ke J，Xing X，Li G，et al. Effects of different controlled-release nitrogen fertilisers on ammonia volatilisation，nitrogen use efficiency and yield of blanket-seedling machine-transplanted rice ［J］. Field Crops Research，2016，205：147-156.

[83] 杨淑莉，朱安宁，张佳宝，等．不同施氮量和施氮方式下田间氨挥发损失及其影响因素［J］．干旱区研究，2010，27（3）：415-421.

[84] Mitsuru O，Akira Y，Akira T. Comparison of the behavior of carbon and nitrogen

compounds during ripening between maize and potato [J]. Japanese Journal of Soil Science and Plant Nutrition, 1991, 62 (3): 282-290.

[85] 高聚林. 春玉米干物质积累及碳、氮代谢规律的研究 [D]. 呼和浩然: 内蒙古农业大学, 1991.

[86] 王华杰. 氮肥运筹对玉米生长发育及氮代谢的影响 [D]. 沈阳: 沈阳农业大学, 2017.

[87] 张石宝, 李树云, 胡虹, 等. 氮对冬玉米干物质生产及生理特性的影响 [J]. 广西植物, 2002 (6): 543-546, 552.

[88] 何萍, 金继运, 林葆. 氮肥用量对春玉米叶片衰老的影响及其机理研究 [J]. 中国农业科学, 1998 (3): 66-71.

[89] 赵士诚, 裴雪霞, 何萍, 等. 氮肥减量后移对土壤氮素供应和夏玉米氮素吸收利用的影响 [J]. 植物营养与肥料学报, 2010, 16 (2): 492-497.

[90] 郭景伦, 张智猛, 李伯航. 不同高产夏玉米品种养分吸收特性的研究 [J]. 玉米科学, 1997 (4): 50-52, 59.

[91] 杜红霞, 吴普特, 冯浩, 等. 氮施用量对夏玉米土壤水氮动态及水肥利用效率的影响 [J]. 中国水土保持科学, 2009, 7 (4): 82-87.

[92] 张智猛, 戴良香, 张电学, 等. 冬小麦-夏玉米轮作周期内碱解氮、硝态氮时空变化及施氮安全值的研究 [J]. 土壤通报, 2004 (1): 38-42.

[93] 曾玲玲, 张兴梅, 洪音, 等. 长期施肥与耕作方式对土壤酶活性的影响 [J]. 中国土壤与肥料, 2008 (2): 27-30.

[94] Allison V J, Condron L M, Peltzer D A, et al. Changes in enzyme activities and soil microbial community composition along carbon and nutrient gradients at the Franz Josef chronosequence, New Zealand [J]. Soil Biology & Biochemistry, 2007, 39 (7): 1770-1781.

[95] 邵玉琴, 赵岳冰. 皇甫川流域人工油松林地土壤微生物的垂直分布 [J]. 内蒙古大学学报: 自然科学版, 2002 (5): 541-545.

[96] 鲍士旦. 土壤农业化学分析方法 [M]. 3 版. 北京: 中国农业出版社, 2000.

[97] 吴金水, 林启美, 黄巧云, 等. 土壤微生物生物量测定方法及其应用 [M]. 北京: 气象出版社, 2006.

[98] 郑斯尹, 陈莉莎, 谢德晋. 不同氮肥用量对玉米田土壤酶活性及微生物量碳、氮的影响 [J]. 中国水土保持, 2019, 000 (7): 58-60.

[99] 李潮海, 王小星, 王群, 等. 不同质地土壤玉米根际生物活性研究 [J]. 中国农业科学, 2007 (2): 412-418.

[100] 权基哲. 不同施肥水平及玉米种植对土壤微生物生物量碳氮含量的影响 [J]. 粮食科技与经济, 2020, 45 (9): 105-106.

[101] 冯朋博. 旱地土壤氮素及玉米根系特性对控释氮肥输入响应机制 [D]. 银川: 宁夏大学, 2019.

[102] 段震宇, 张小伟, 王婷, 等. 不同入水期对青贮玉米农艺性状及产量形成的影响

[J]. 江苏农业科学，2018，46（10）：62-66.

[103] 焦晓光，魏丹. 长期培肥对农田黑土土壤酶活性动态变化的影响 [J]. 中国土壤与肥料，2009，000（5）：23-27.

[104] Brevik E，Fenton T，Moran L. Effect of soil compaction on organic carbon amounts and distribution, South-Central Iowa [J]. Environmental Pollution，2002，116 Suppl 1（Suppl. 1）：S137-141.

[105] 王娟. 施肥对土壤酶活性、土壤养分及春小麦产量的影响 [D]. 兰州：甘肃农业大学，2007.

[106] 罗明，文启凯，陈全家，等. 不同用量的氮磷化肥对棉田土壤微生物区系及活性的影响 [J]. 土壤通报，2000，31（2）：66-69.

[107] 高惠民，李笃仁. 农业土壤管理 [M]. 北京：中国农业科技出版社，1988.

[108] 刘恩科，赵秉强，胡昌浩，等. 长期不同施肥制度对玉米产量和品质的影响 [J]. 中国农业科学，2004，37（5）：711-716.

[109] 卢艺，李瑞瑞，胡菲，等. N添加对林地土壤脲酶活性及动力学参数的影响 [J]. 河北农业大学学报，2019，42（2）：48-53.

[110] 郭天财，宋晓，马冬云，等. 氮素营养水平对小麦根际微生物及土壤酶活性的影响 [J]. 水土保持学报，2006，20（3）：129-131.

[111] 张瑜. 不同施肥水平及玉米种植对土壤微生物生物量碳氮的影响 [J]. 农技服务，2017，34（2）：81.

[112] 李红. 环境微生物活性表征的测定方法 [J]. 温州农业科技，2010（2）：25-27，30.

[113] 赵军. 生物质炭基氮肥对土壤微生物量碳氮、土壤酶及作物产量的影响研究 [D]. 西安：西北农林科技大学，2016.

[114] 熊明彪，雷孝章，田应兵，等. 长期施肥对紫色土酶活的影响 [J]. 四川大学学报（工程科学版），2003（4）：60-63，99.

[115] 胡建忠. 人工沙棘林地土壤酶分布及其与土壤理化性状间关系的研究 [J]. 沙棘，1996（2）：22-28.

[116] Hu H，He J. Manipulating the soil microbiome for improved nitrogen management [J]. Microbiology Australia，2018，39（1）：230-232.

[117] Philippot L，Raaijmakers J M，Lemanceau P，et al. Going back to the roots：the microbial ecology of the rhizosphere [J]. Nature Reviews Microbiology，2013，11（11）：789-799.

[118] Leff J W，Jones S E，Prober S M，et al. Consistent responses of soil microbial communities to elevated nutrient inputs in grasslands across the globe [J]. Proceedings of the National Academy of Sciences of the United States of America，2015，112（35）.

[119] 李冰圳. 连作及轮作对蒙古黄芪根际微生物多样性及其品质的影响 [D]. 呼和浩特：内蒙古大学，2019.

[120] Sessitsch A，Hardoim P，D. Ring J，et al. Functional characteristics of an endophyte

community colonizing rice roots as revealed by metagenomic analysis [J]. Molecular plant-microbe interactions：MPMI, 2012, 25 (1)：28.

[121] Zhou Y J, Li J H, Cynthia R F, et al. Variation of soil bacterial communities in a chronosequence of rubber tree (hevea brasiliensis) plantations [J]. Frontiers in Plant Science, 2017, 8：849.

[122] Bulgarelli D, Rott, M, Schlaeppi K, et al. Revealing structure and assembly cues for Arabidopsis root-inhabiting bacterial microbiota [J]. Nature, 2012, 488 (7409)：91-95.

[123] Bulgarelli D, Garrido-Oter R, Münch P C, et al. Structure and function of the bacterial root microbiota in wild and domesticated barley [J]. Cell Host & Microbe, 2015, 17 (3)：392-403.

[124] Schloss P D, Westcott S L, Ryabin T, et al. Introducing mothur：open-source, platform-independent, community-supported software for describing and comparing microbial communities [J]. Applied and Environmental Microbiology, 2009, 75 (23)：7537-7541.

[125] Edgar R C. UPARSE：highly accurate OTU sequences from microbial amplicon reads [J]. Nature Methods, 2013, 10 (10)：996.

[126] Quast C, Pruesse E, Yilmaz P, et al. The SILVA ribosomal RNA gene database project：improved data processing and web-based tools [J]. Nucleic Acids Research, 2013, 41 (D1)：D590-D596.

[127] Bates S T, Berg-Lyons D, Caporaso J G, et al. Examining the global distribution of dominants archaeal populations in soil [J]. Isme Journal, 2011, 5 (5)：908-917.

[128] Rousk J, Baath E, Brookes P C, et al. Soil bacterial and fungal communities across a pH gradient in an arable soil [J]. Isme Journal, 2010, 4 (10)：1340-1351.

[129] Zhang Z, Zhao Y, Yang T, et al. Effects of exogenous protein-like precursors on humification process during lignocellulose-like biomass composting：Amino acids as the key linker to promote humification procesarchaeal populations in soil [J]. Bioresource Technology, 2019, 291.

[130] 李依韦, 毕佳欣, 袁琴, 等. 不同施肥处理玉米根际微生物种群结构及代谢多样性 [J]. 中国微生态学杂志, 2020 (1)：21-24.

[131] Burns J H, Anacker B L, Strauss S Y, et al. Soil microbial community variation correlates most strongly with plant species identity, followed by soil chemistry, spatial location and plant genus [J]. Aob Plants, 2015：207-240.

[132] Yadav A N, Kumar R, Kumar S, et al. Beneficial microbiomes：Biodiversity and potential biotechnological applications for sustainable agriculture and human health [J]. Journal of Applied Biology & Biotechnology, 2017, 5 (6)：45-57.

[133] Meena V S, Meena S K, Bisht J K, et al. Conservation agricultural practices in sustainable food production [J]. Journal of Cleaner Production, 2016, 137：

690-691.

[134] Dai Z, Su W, Chen H, et al. Long-term nitrogen fertilization decreases bacterial diversity and favors the growth of Actinobacteria and Proteobacteria in agro-ecosystems across the globe [J]. Global Change Biology, 2018, 24 (8): 3452-3461.

[135] 朱兆香. 土壤放线菌的筛选，鉴定及其活性代谢产物的研究 [D]. 沈阳：东北农业大学，2011.

[136] Crocker F H, Jung C M, Indest K J, et al. Effects of chitin and temperature on sub-Arctic soil microbial and fungal communities and biodegradation of hexahydro-1, 3, 5-trinitro-1, 3, 5-triazine (RDX) and 2, 4-dinitrotoluene (DNT) [J]. Biodegradation, 2019, 30 (8) :415-431.

[137] Kikukawa H, Sakuradani E, Ando A, et al. Arachidonic acid production by the oleaginous fungus Mortierella alpina 1S-4: A review [J]. Journal of Advanced Research, 2018, 11: 15-22.

[138] Arenal F, Platas G, Pelaez F. A new endophytic species of Preussia (Sporormiaceae) inferred from morphological observations and molecular phylogenetic analysis [J]. Fungal Diversity, 2007, 25: 1-17.

[139] Nguyen H, Nickerson N L, Seifert K A. Basidioascus and Geminibasidium: a new lineage of heat-resistant and xerotolerant basidiomycetes [J]. Mycologia, 2013, 105 (5): 1231-1250.

[140] Dix N J, Webster J. Colonization and Decay of Wood [J]. Springer Netherlands, 1995, 94 (11): 145-171.

[141] Morrison E W, Frey S D, Sadowsky J J, et al. Chronic nitrogen additions fundamentally restructure the soil fungal community in a temperate forest [J]. Fungal Ecology, 2016, 23: 48-57.

[142] Wallenstein M D, Mcnulty S, Fernandez I J, et al. Nitrogen fertilization decreases forest soil fungal and bacterial biomass in three long-term experiments [J]. Forest Ecology & Management, 2006, 222 (1-3): 459-468.

[143] Delgado-Baquerizo M, Oliverio A M, Brewer T E, et al. A global atlas of the dominant bacteria found in soil [J]. Science, 2018, 359 (6373): 320-325.

[144] Fierer N. Embracing the unknown: disentangling the complexities of the soil microbiome [J]. Nature Reviews Microbiology, 2017, 15 (10): 579-590.

[145] Shyam K, Pierre J, Sharon D. Bacterial endophyte colonization and distribution within plants [J]. Microorganisms, 2017, 5 (4): 77.

[146] Paungfoo-Lonhienne C, Yeoh Y K, Kasinadhuni N R P, et al. Nitrogen fertilizer dose alters fungal communities in sugarcane soil and rhizosphere [J]. Scientific Reports, 2015, 5 (1): 117-152.

[147] Bending G D, Turner M K, Jones J E. Interactions between crop residue and soil organic matter quality and the functional diversity of soil microbial communities [J] .

Soil Biol Biochem, 2002, 34: 1073-1082.

[148] Laws M T, Graves W R. Nitrogen inhibits nodulation and reversibly suppresses nitrogen fixation in nodules of alnus maritima [J]. Journal of the American Society for Horticultural Science, 2005, 130 (4): 496-499.

[149] Ryan M H, Graham J H. Is there a role for arbuscular mycorrhizal fungi in production agriculture? [J]. Plant & Soil, 2002, 244 (1-2): 263-271.

[150] Ju X T, Xing G X, Chen X P, et al. Reducing environmental risk by improving N management in intensive Chinese agricultural systems [J]. Proc Natl Acad Sci USA, 2009, 106 (9): 3041-3046.

[151] Qin S, Wang Y, Hu C, et al. Yield-scaled N_2O emissions in a winter wheat-summer corn double-cropping system [J]. Atmospheric Environment, 2012, 55 (Aug.): 240-244.

[152] Banerjee S, Schlaeppi K, Van D H, et al. Keystone taxa as drivers of microbiome structure and functioning [J]. Nature Reviews Microbiology, 2018, 16 (9): 567-576.

[153] Wang H, Wei Z, Mei L, et al. Combined use of network inference tools identifies ecologically meaningful bacterial associations in a paddy soil [J]. Soil Biology & Biochemistry, 2017, 105: 227-235.

[154] Archetti M, Scheuring I, Hoffman M, et al. Economic game theory for mutualism and cooperation [J]. Ecology Letters, 2011, 14 (12): 1300-1312.

[155] Wang C, Liu D W, Bai E. Decreasing soil microbial diversity is associated with decreasing microbial biomass under nitrogen addition [J]. Soil Biology & Biochemistry, 2018, 120: 126-133.

[156] 内蒙古自治区市场监督管理局. 中早熟区青贮玉米栽培技术规程 [S]. 内蒙古: 中国标准出版社, 2020.

[157] 宋海星, 李生秀. 玉米生长量、养分吸收量及氮肥利用率的动态变化 [J]. 中国农业科学, 2003 (1): 71-76.

[158] 陈治嘉, 隋标, 赵兴敏, 等. 吉林省黑土区玉米氮肥减施效果研究 [J]. 玉米科学, 2018, 26 (6): 139-145.

[159] 任胜茂, 邓榆川, 韩文斌, 等. 施氮对蚕豆根系形态及光合产物积累分配的影响 [J]. 江苏农业科学, 2019, 47 (4): 72-77.

[160] 张雨寒. 密度与施氮量互作对春玉米氮素利用效率及产量的影响 [D]. 吉林: 吉林大学, 2019.

[161] 王进军, 柯福来, 白鸥, 等. 不同施氮方式对玉米干物质积累及产量的影响 [J]. 沈阳农业大学学报, 2008 (4): 392-395.

[162] 赵正雄, 张福锁, 赵明, 等. 育苗基质中的氮素营养状况对移栽玉米生长发育和产量的影响 [J]. 云南农业大学学报, 2003 (2): 142-145.

[163] 杨志奇, 俄胜哲, 温宏昌, 等. 氮肥施用量对玉米生长发育及产量的影响 [J]. 甘肃

农业科技，2019（10）：37-41.

[164] 刘梦星，崔彦宏，丁民伟，等. 氮磷钾及锌配施对旱薄区夏玉米干物质积累，分配和转移的影响 [J]. 河北农业大学学报，2007，30（1）：1-4.

[165] 陈国平，杨国航，赵明，等. 玉米小面积超高产创建及配套栽培技术研究 [J]. 玉米科学，2008，16（4）：1-4.

[165] 王庆成，刘开昌. 山东夏玉米高产栽培理论与实践 [J]. 玉米科学，2004（S2）：60-62，65.

[167] 钱春荣，于洋，宫秀杰，等. 黑龙江省不同年代玉米杂交种氮肥利用效率对种植密度和施氮水平的响应 [J]. 作物学报，2012，38（11）：2069-2077.

[168] 张家铜，彭正萍，李婷，等. 不同供氮水平对玉米体内干物质和氮动态积累与分配的影响 [J]. 河北农业大学学报，2009，32（2）：1-5.

[169] 杨恒山，张玉芹，徐寿军，等. 超高产春玉米干物质及养分积累与转运特征 [J]. 植物营养与肥料学报，2012（2）：315-323.

[170] 李刚. 不同产量水平玉米源库关系的研究 [D]. 吉林：吉林农业大学，2007.

[171] Rufty T W J, Huber S C J, Volk R J. Alterations in leaf carbohydrate metabolism in response to nitrogen stress [J]. Plant Physiology, 1988, 88 (3): 725-730.

[172] Boot R G A, Schildwacht P M, Lambers H. Partitioning of nitrogen and biomass at a range of N-addition rates and their consequences for growth and gas exchange in two perennial grasses from inland dunes [J]. Physiologia Plantarum, 2010, 86 (1): 152-160.

[173] 张丽娟，杨升辉，杨恒山，等. 高产栽培下氮肥运筹对春玉米光合特性的影响 [J]. 安徽农业科学，2012，40（5）：2598-2601.

[174] 郑宾，赵伟，徐铮，等. 不同耕作方式与氮肥类型对夏玉米光合性能的影响 [J]. 作物学报，2017，43（6）：925-934.

[175] 吴亚男，齐华，盛耀辉，等. 密度、氮肥对春玉米光合特性、干物质积累及产量的影响 [J]. 玉米科学，2011，19（5）：124-127.

[176] 郭喜军，谢军红，李玲玲，等. 氮肥用量及有机无机肥配比对陇中旱农区玉米光合特性及产量的影响 [J]. 植物营养与肥料学报，2020，26（5）：806-816.

[177] 王帅. 长期不同施肥对玉米叶片光合作用及光系统功能的影响 [D]. 沈阳：沈阳农业大学，2014.

[178] Evans J R. Nitrogen and Photosynthesis in the Flag Leaf of Wheat (*Triticum aestivum* L.) [J]. Plant Physiology, 1983, 72 (2): 297-302.

[179] 王洪飞. 不同施肥制度下玉米生长代谢和冠层光谱特征的研究 [D]. 泰安：山东农业大学，2015.

[180] 朱慧森，邹新平，玉柱，等. 青贮玉米生产性能对收获期的响应及收获指数的探讨 [J]. 畜牧兽医学报，2015，46（8）：1375-1382.

[181] 郭江，郭新宇，王纪华，等. 不同株型玉米光响应曲线的特征参数研究 [J]. 西北植物学报，2005（8）：1612-1617.

[182] 唐江华，苏丽丽，李亚杰，等．不同耕作方式对复播大豆光合特性，干物质生产及经济效益的影响［J］．应用生态学报．2016（1）：182-190.

[183] Ye Y, Wang G, Huang Y, et al. Understanding physiological processes associated with yield-trait relationships in modern wheat varieties［J］. Field Crops Research, 2011, 124（3）: 316-322.

[184] 沈秀瑛，戴俊英．玉米群体冠层特征与光截获及产量关系的研究［J］．作物学报，1993，19（3）：246-252.

[185] 焦念元，宁堂原，杨萌珂，等．玉米花生间作对玉米光合特性及产量形成的影响［J］．生态学报，2013，33（14）：4324-4330.

[186] 张德健，路战远，张向前，等．不同耕作条件下玉米光合特性的差异［J］．华北农学报，2014，29（2）：161-164.

[187] Farquhar G D, Sharkey T D. Stomatal conductance and photosynthesis［J］. Annu. Rev. Plant Physiol, 1982, 33（1）: 317-345.

[188] 李潮海，刘奎，周苏玫，等．不同施肥条件下夏玉米光合对生理生态因子的响应［J］．作物学报，2002，28（2）：265-269.

[189] 徐艳霞，丁昕颖，黄新育，等．轻度盐碱地氮肥水平对青贮玉米生物产量和品质的影响［J］．黑龙江畜牧兽医，2017（10）：181-183.

[190] 于秋竹．氮素用量对饲用玉米氮代谢的影响［D］．哈尔滨：东北农业大学，2008.

[191] 范磊．氮肥运筹对玉米饲用栽培物质生产及营养品质影响的研究［D］．呼和浩特：内蒙古农业大学，2007.

[192] 马磊，袁飞，朱玲玲，等．氮复合肥种类及施氮量对坝上地区青贮玉米产量和品质的影响［J］．草业学报，2013，22（6）：53-59.

[193] 王永翠．沼液与氮肥不同配比对青贮玉米产量，品质和土壤肥力的影响［D］．陕西：西北农林科技大学，2010.

[194] 高学曾，许金芳．玉米雌穗和籽粒生长发育过程中几项性状的数量变化分析［J］．作物学报，1987，000（3）：257.

[195] 刘恩科，赵秉强，胡昌浩，等．长期不同施肥制度对玉米产量和品质的影响［J］．中国农业科学，2004，37（5）：711-716.

[196] 王雅楠．不同滴灌量对青贮玉米光合特性及产量品质的影响研究［D］．呼和浩特：内蒙古大学，2020.

[197] 王晨光，赵美娟，裴文东，等．施氮量对粮饲兼用玉米籽粒产量和饲用品质的影响［J］．玉米科学，2020，142（6）：152-157.

[198] Kurguzkin V N, Saranchina E F. Preservation and nitrogen enrichment of maize silage［J］. Kormoproizvodstvo, 2006, 9: 2006.

[199] Szmigiel A, Koodziejczyk M, Oleksy A. The effect of organic and mineral fertilization on grain yield of maize［J］. Tdx, 2006, 68（4）: 401-417.

[200] Oikeh S O, Kling J G, Okoruwa A E. Nitrogen fertilizer management effects on maize grain quality in the west African moist savanna［J］. Crop Science, 1998, 38（4）:

1056-1161.

[201] 杨引福，罗淑平，胡必德．优质蛋白玉米籽粒超微结构与品质性状的相关研究 [J]．应用与环境生物学报，1997，3（1）：31-35.

[202] 卡因杜．氮肥施用量对微胚乳超高油玉米产量及含油量影响的研究 [D]．南宁：广西大学，2006.

[203] 白冰，文亦芾．不同氮素施肥水平和青贮时期玉米青贮品质的研究 [J]．草业与畜牧，2004（4）．

[204] 王佳，李阳，贾倩民，等．种植密度与施氮对河西灌区青贮玉米产量与品质及水分利用效率的影响 [J]．西北农业学报，2021（1）：1-14.

[205] 徐灿．滴灌水肥一体化不同施氮量对玉米淀粉形成及产量的影响 [D]．银川：宁夏大学，2018.

[206] 王晨阳，马冬云，郭天财，等．不同水、氮处理对小麦淀粉组成及特性的影响 [J]．作物学报，2004（8）：843-846.

[207] 潘金豹，张秋芝，郝玉兰，等．青贮玉米的类型与评价标准 [J]．北京农业，2002（11）：27-28.

[208] 陈丽，韩俊，王彦威，等．青贮玉米不同部位干物质量对中性洗涤纤维含量的影响 [J]．安徽农业科学，2011，39（10）：5935-5936.

[209] 赵勇．密度和施氮量对粮饲兼用型玉米产量及饲用品质的影响 [D]．雅安：四川农业大学，2005.

[210] 关义新，马兴林，凌碧莹．种植密度与施氮水平对高淀粉玉米郑单18淀粉含量的影响 [J]．玉米科学，2004，12（zk1）：101-103.

[211] 丁希泉．大豆籽粒增长规律模式 [J]．中国油料，1984（2）．

[212] 丛殿峰．中国主要粮食作物肥料利用率现状与提高途径 [J]．农民致富之友，2013，000（12）：88.

[213] 邝肖．不同施氮量对青贮玉米/秣食豆混播产量和氮素利用的影响 [D]．哈尔滨：东北农业大学，2018.

[214] 刘昕萌．氮肥运筹对玉米土壤氮素吸收利用、光合特性及产量的影响 [D]．哈尔滨：东北农业大学，2020.

[215] 邹晓锦，张鑫，安景文．氮肥减量后移对玉米产量和氮素吸收利用及农田氮素平衡的影响 [J]．中国土壤与肥料，2011（6）：25-29.

[216] 吴光磊，郭立月，崔正勇，等．氮肥运筹对晚播冬小麦氮素和干物质积累与转运的影响 [J]．生态学报，2012，32（16）：5128-5137.

[217] 郑网宇，谢金学，谭和芳，等．不同硫包衣尿素在水稻作物上的应用效果研究 [J]．农业装备技术，2012，38（6）：25-27.

[218] 李娟．新型氧肥制备及施用技术研究 [D]．长沙：中南林业科技大学，2014.

[219] Subedi K D, Ma B L. Effects of N-deficiency and timing of N supply on the recovery and distribution of labeled ^{15}N in contrasting maize hybrids [J]. Plant & Soil, 2005, 273 (1-2)：189-202.

[220] Ma B L，Dwyer L M. Nitrogen uptake and use of two contrasting maize hybrids differing in leaf senescence [J]. Plant & Soil，1998，199 (2)：283-291.

[221] 丁民伟，杜雄，刘梦星，等．氮素运筹对夏玉米产量形成与氮素利用效果的影响 [J]．植物营养与肥料学报，2010 (5)：1100-1107.

[222] 李强，马晓君，程秋博，等．氮肥对不同耐低氮性玉米品种干物质及氮素积累与分配的影响 [J]．浙江大学学报 (农业与生命科学版)，2015 (5)：527-536.

[223] 王进军，柯福来，白鸥，等．不同施氮方式对玉米干物质积累及产量的影响 [J]．沈阳农业大学学报，2008 (4)：392-395.

[224] 李强．不同氮效率玉米品种对氮肥水平与运筹的响应及氮素吸收利用差异 [D]．雅安：四川农业大学，2017.

[225] 崔政军，刘栋，吴兵，等．水氮耦合对旱地胡麻产量形成与花后氮素积累转运的影响 [J]．应用生态学报，2020，31 (3)：217-226.

[226] 刘淑云，董树亭，赵秉强，等．长期施肥对夏玉米叶片氮代谢关键酶活性的影响 [J]．作物学报，2007，33 (2)：278-283.

[227] 文雯，李鑫，李鲁华，等．施氮量对北疆滴灌春小麦-青贮玉米氮素利用率及土壤硝态氮的影响 [J]．新疆农业科学，2019，56 (4)：610-623.

[228] 姜涛．氮肥运筹对夏玉米产量、品质及植株养分含量的影响 [J]．植物营养与肥料学报，2013 (3)：559-565.

[229] 吴亚男，齐华，盛耀辉，等．密度、氮肥对春玉米光合特性、干物质积累及产量的影响 [J]．玉米科学，2011，19 (5)：124-127.

[230] 姜涛，李玮．氮肥运筹对夏玉米氮素利用及土壤无机氮时空变异的影响 [J]．玉米科学，2013，21 (6)：101-106.

[231] 王忠美，赵敏，朱玲玲，等．氮缓释复合肥对坝上地区青贮玉米产量及氮素利用率的影响 [J]．草地学报，2012 (5)：100-105.

[232] 高洪军．长期不同施肥对东北玉米产量和土壤肥力及温室气体排放的影响研究 [D]．南京：南京农业大学，2015.

[233] 宋亚栋．不同缓控释肥对小麦产量品质与养分利用效率的影响 [D]．南京：南京农业大学，2017.

[234] 盖兆梅，刘继龙．氮肥调控对夏玉米根区土壤氮素吸收及其生产效率影响 [J]．排灌机械工程学报，2018，36 (8)：756-761，766.

[235] 晁晓乐．施氮对不同基因型玉米干物质积累和氮效率的影响 [D]．太原：太原理工大学，2016.

[236] 何萍，金继运，林葆．氮肥用量对春玉米叶片衰老的影响及其机理研究 [J]．中国农业科学，1998，31 (3)：66-71.

[237] 侯云鹏，孔丽丽，李前，等．不同施氮水平对春玉米氮素吸收、转运及产量的影响 [J]．玉米科学，2015 (3)：136-142.

[238] Ju X，Christie P. Calculation of theoretical nitrogen rate for simple nitrogen recommendations in intensive cropping systems：A case study on the North China

Plain [J]. Field Crops Research，2011，124 （3）：450-458.

[239] 巨晓棠. 氮肥有效率的概念及意义——兼论对传统氮肥利用率的理解误区 [J]. 土壤学报，2014，51 （5）：921-933.

缩略语对照表

TP	total phosphorus	全磷
TC	total carbon	全碳
HPA	hydrogen peroxidase activity	过氧化氢酶
APA	alkaline phosphatase activity	碱性磷酸酶
IA	invertase activity	蔗糖酶
UA	urease activity	脲酶
SOC	soil organic carbon	有机碳
OM	Organic matter	有机质
TK	total potassium	全钾
AK	available potassium	速效钾
TN	total nitrogen	全氮
AN	alkali nitrogen	碱解氮
AP	available phosphorus	速效磷
MBC	microbial biomass carbon	微生物量碳
MBN	microbial biomass nitrogen	微生物量氮
OTU	operational taxonomic unit	分类操作单元
PCoA	principle coordination analysis	主坐标分析
SEM	structural equation model	结构方程模型
Pn	net photosynthetic rate	净光合速率
Ci	intercellular carbon dioxide concentration	胞间二氧化碳浓度
Tr	transpiration rate	蒸腾速率
Gs	stomatal conductance	气孔导度
CP	crude protein	粗蛋白
EE	ether extract	粗脂肪
ADF	acid detergent fiber	酸性洗涤纤维
NDF	neutral detergent fiber	中性洗涤纤维
RFV	relative feed value	相对饲用价值

（续）

NPFP	nitrogen partial factor productivity	氮肥偏生产力
ANUE	nitrogen agronomy efficiency	氮肥农学利用率
NDMPE	nitrogen dry matter production efficiency	氮素干物质生产效率
NHI	nitrogen harvest index	氮收获指数